U0193691

《新中国气象事业70周年大事记》
编委会

主　任：刘雅鸣

副主任：矫梅燕

顾　问：刘英金　许小峰　赵同进　韩通武　毛耀顺　朱祥瑞

　　　　庞　亮　尹立武　曹冀鲁　陈惠芳

委　员：陈振林　张祖强　毕宝贵　王劲松　于玉斌　谢　璞

　　　　黎　健　胡　鹏　周　恒　宋善允　黄　燕　李丽军

编写组：（以姓氏笔画为序）

　　　　王素琴　王　晨　孙宝珍　孙　艳　李小平　李　晔

　　　　杨晋辉　肖红雷　张　柱　胡　亚　彭莹辉　韩　青

　　　　裴顺强　潘进军　戴　纲

编者按

新中国气象事业伴随着新中国成长的脚步，栉风沐雨，砥砺前行，走过了充满光荣和梦想的 70 年，创造了从小到大、从弱到强的辉煌业绩。70 年里，气象事业发展规模、气象服务能力、气象现代化建设水平和气象事业国际地位发生了天翻地覆的变化。

为庆祝新中国成立 70 周年，突出反映在中国共产党的正确领导下，新中国气象事业走过的光辉历程和取得的伟大成就，中国气象局组织编写了《新中国气象事业 70 周年大事记》。

《新中国气象事业 70 周年大事记》收录时间起自 1949 年 12 月，截至 2019 年 12 月。本书选取党和国家关于气象事业发展的重大方针政策，党和国家主要领导人对气象工作的关怀和指示，气象部门体制机制的建立和重大调整，主要气象业务、服务、科研、教育培训等事业的创立和重大调整，气象部门重要发展规划和重大改革措施，气象部门具有重大影响的会议、活动、工程、业务系统建设，以及国家重大活动气象保障和防灾减灾气象服务典型案例等关键性、标志性重要事件，全面展示了新中国气象事业 70 年的发展成就。

编写本书，旨在激励全国气象工作者更加紧密地团结在以习近平同志为核心的党中央周围，以习近平新时代中国特色社会主义思想为指引，增强"四个意识"、坚定"四个自信"、做到"两个维护"，牢牢把握服务国家发展和人民美好生活主线，统筹改革与发展任务，坚定深化重点领域改革，坚定推进气象现代化建设，积极参与和引领全球气候治理，传承"准确、及时、创新、奉献"的气象人精神，不忘初心、牢记使命、奋勇突破，为建设世界气象强国而不懈奋斗，为开启社会主义现代化新征程做出新的更大贡献！

目　录

编者按

1949 年	01	1969 年	25
1950 年	02	1970 年	26
1951 年	03	1971 年	27
1952 年	05	1972 年	28
1953 年	06	1973 年	29
1954 年	07	1974 年	31
1955 年	09	1975 年	32
1956 年	10	1976 年	33
1957 年	12	1977 年	34
1958 年	13	1978 年	35
1959 年	15	1979 年	36
1960 年	16	1980 年	38
1961 年	17	1981 年	40
1962 年	18	1982 年	41
1963 年	19	1983 年	42
1964 年	20	1984 年	43
1965 年	21	1985 年	44
1966 年	22	1986 年	45
1967 年	23	1987 年	46
1968 年	24	1988 年	48

1989 年 ———————— 50

1990 年 ———————— 51

1991 年 ———————— 52

1992 年 ———————— 53

1993 年 ———————— 55

1994 年 ———————— 57

1995 年 ———————— 58

1996 年 ———————— 60

1997 年 ———————— 61

1998 年 ———————— 63

1999 年 ———————— 64

2000 年 ———————— 66

2001 年 ———————— 67

2002 年 ———————— 69

2003 年 ———————— 70

2004 年 ———————— 71

2005 年 ———————— 73

2006 年 ———————— 74

2007 年 ———————— 76

2008 年 ———————— 78

2009 年 ———————— 80

2010 年 ———————— 82

2011 年 ———————— 84

2012 年 ———————— 86

2013 年 ———————— 88

2014 年 ———————— 90

2015 年 ———————— 92

2016 年 ———————— 95

2017 年 ———————— 97

2018 年 ———————— 100

2019 年 ———————— 104

1949 年

>>> **12 月 7 日**　中央人民政府革命军事委员会（简称"中央军委"）发布由毛泽东主席、周恩来总理签发的《中国民用航空局及气象局成立通告》。12 月 8 日，中央人民政府革命军事委员会气象局（简称"军委气象局"）在北京正式成立，承担全国气象工作领导职责。12 月 17 日，毛泽东主席任命涂长望为军委气象局局长（任职时间：1949 年 12 月—1962 年 6 月）。军委气象局的成立，标志着新中国气象事业的诞生。

>>> **12 月**　军委气象局统一接收全国地方气象台站和解放战争中由中央军委三局气象队、各地军管会或人民政府接管的气象专业机构。全国新老解放区共有气象台站 101 个，其中气象台 5 个、气象站 96 个，各类气象人员 600 余人。

1950 年

>>> **1月13日**　军委气象局向中央军委报送《关于军委气象局及各军区气象管理处暂行组织条例（草案）》，明确全国气象工作领导体制：军委气象局隶属于中央军委，业务上受空军司令部指导；军委气象局为全国气象业务领导机构，领导全国气象行政及技术事宜；各大军区设置气象管理处，受各大军区司令部和军委气象局双重领导，管理该军区内各级气象台站的行政与业务技术。

>>> **3月1日**　军委气象局从华北军区航空处接管了位于北京西郊三贝子花园（今北京动物园）内的前国民政府中央气象局所属的北平气象台（兼华北气象台），成立中央气象台，承担全国天气情报、分析和预报中心的任务。

>>> **11月27日**　军委气象局与中国科学院地球物理研究所在中央气象台正式宣布成立联合天气分析预报中心和联合气候资料室，开展天气预报业务、气象分析预报研究和对各级气象台站天气预报业务进行指导。

>>> **12月9日**　政务院、中央军委发布《关于全国气象台站的建制、管理、经费和技术问题的联合决定》，这是中央人民政府为气象事业颁发的第一个规范性文件，明确了气象事业实行"分区建设、统一领导"的原则，东北、华东、中南、西南、西北五大军区建立气象管理处，实行双重领导、分工负责的管理体制。到1952年底，建成以军委气象局、大区气象处和省气象科为主体的三级气象管理体系，奠定了新中国气象事业的组织机构和管理体制基础。

>>> **12月16日**　军委气象局组建北京气象干部训练班。1953年12月，经政务院批准，在北京气象干部训练班的基础上成立气象干部学校。1955年1月，改建为三年制正规中等专业学校，更名为中央气象局北京气象学校。1960年4月，国务院批准北京气象学校扩建为北京气象专科学校。1984年2月，教育部批准北京气象专科学校扩建为北京气象学院。1998年中央机构编制委员会办公室批准北京气象学院转建为中国气象局培训中心。2011年中央机构编制委员会办公室批准更名为中国气象局气象干部培训学院。

1951年

>>> **1月1日** 全国气象台站统一执行《气象测报简要》，解决了当时由于仪器来源复杂、规格标准不一致造成的观测资料缺乏代表性、比较性、准确性的问题。8月17日，全国高空观测台站一律改用北京时间进行观测。10月1日，全国统一执行《高空风测报简要》《高空风记录收集与审核暂行办法》，改进和统一高空风观测工作。

>>> **1月** 西南军区气象处在成都组建西南气象干部训练班。1954年12月，在西南气象干部训练班的基础上成立中央气象局成都气象干部学校。1956年5月，改建为中等专业学校，更名为中央气象局成都气象学校。1978年4月，改建为成都气象学院。2000年，更名为成都信息工程学院，实行中央和地方共建、地方管理为主的管理体制。2015年4月，经教育部批准更名为成都信息工程大学。

>>> **4月2—14日** 新中国首次全国气象工作会议在北京召开。按照会议精神，各级气象管理机构建立后，立即着手培训技术人员，建立仪器制造工厂，进行气象台站网的建设，统一业务规章制度、技术规范、仪器装备，建立起正常的工作秩序。配合空军、海军和其他特殊兵种的建设，为解放西南边疆、沿海岛屿，特别是为抗美援朝战争和国民经济的恢复发展提供卓有成效的气象服务。

>>> **4月12日** 军委气象局会同空军司令部、军委三局与邮电部商谈利用邮电通信网络拍发气象电报和租用邮电发射台广播气象情报等事项。确定了以利用国家电信网络为主、自设电台为辅的原则，并从军队通信部门调入通信业务骨干，组建全国气象通信网。

>>> **4月15—19日** 中国气象学会在北京召开新中国第一届代表大会。大会通过新的学会章程，选举竺可桢、涂长望等18人为新中国气象学会第一届理事会理事，竺可桢任理事长。此后，赵九章、叶笃正、陶诗言、章基嘉、邹竞蒙、曾庆存、伍荣生、秦大河、王会军等著名气象学家先后任中国气象学会理事会理事长。

>>> **6月6日** 军委总参谋部批准台风警报用明语广播，台风来临前可以在沿海港口悬挂台风信号。6月20日，军委气象局颁发《全国沿海预报台站发布台风警报的暂行办法》《全国沿海港埠台风信号的暂行办法》。7月9日，颁发《全国沿海预报台站发布台风警报的暂行办法补充篇第一号》。8月2日，颁发《中央气象台发布台风预警办法》，规范全国台风预警工作。

>>> **本年** 西北军区气象处在兰州组建气象干部训练队。1956年，更名为甘肃省气象干部学校。1964年，更名为兰州气象学校。1997年，被确定为国家级重点中等专业学校。2000年，按教育部要求移交地方政府管理。

1952 年

>>> 5 月 15 日　军委气象局成立资料室，负责全国气象资料的收集整理、统计整编、出版发行、技术指导和气象档案的储存管理等工作。

>>> 10 月 15 日—11 月 1 日　全国气象技术会议在北京召开。会议提出"一面建设、一面提高"的方针，明确了工作任务，制定了气象系统业务管理基本制度，修订了 12 个气象业务规范，初步统一中国天气分析方法，实现了台站建设指导思想的重大转变，进入全面重视发展与巩固、数量与质量、建设与服务的新阶段。

1953 年

>>> 4 月 全国发生严重的倒春寒，农业遭受很大破坏。毛泽东主席指示："气象部门要把天气常常告诉老百姓。"

>>> 7 月 23 日 中央军委批准颁发军委气象局制定的《危险天气警报发布办法》，要求各级气象预报台制定当地天气警报发布细则，积极开展灾害性天气预报预警工作，保护人民生命财产安全。

>>> 8 月 1 日 毛泽东主席和周恩来总理联合发布命令，决定气象部门从军队建制转为政府建制。9 月 8 日，经周恩来总理核定，军委气象局改名为中央气象局。截至 1953 年，全国共有气象台站 317 个，气象测报网初具规模。

1954 年

>>> **1月1日** 全国各级气象（候）台站的地面观测开始执行《气象观测规范（地面部分）》，全面规范和统一了地面气象观测工作。3月1日，全国各级气象（候）台站的高空观测开始执行《暂行探空工作制度》。9月1日，全国气象台站的高空观测执行《新编观测规范（高空部分）》。

>>> **3月6日** 政务院颁发《关于加强灾害性天气的预报、警报和预防工作的指示》，首次对我国气象部门制作灾害性天气预报警报、各部门获取和应用天气预报警报、灾害性天气预报警报公开发布和传播、各级政府及有关部门应对灾害性天气、灾害性天气知识宣传普及等工作作出明确规定。

>>> **6月3—20日** 全国气象工作会议在北京召开。会议确定了气象部门转制后第一个"五年计划"的总方针，即气象工作必须为国防现代化、国家工业化、交通运输业及农业生产、渔业生产等服务；有计划、有步骤地满足各方面对气象工作日益增长的要求，以防止或减轻人民生命财产和国家资财的损失，积极支持国家各种建设工作。

>>> **7月24日** 中央气象局根据中央关于撤销大区行政机构的决定精神，向各大区气象处发出撤销各项业务工作并交接的指示。7月28日，政务院财政经济委员会批复，同意各省气象科一律改为省气象局，中央气象局与省气象局均列为行政编制，省气象局受中央气象局与当地省人民政府双重领导，建制属省人民政府，气象业务受中央气象局领导。

>>>　**本年**　长江流域出现历史罕见的特大洪水，气象部门全力以赴为防汛抗灾开展气象服务，为荆江三次分洪和保卫武汉长江大堤、安全撤离群众等，提供了准确及时的天气预报和气象情报。中央气象台和汉口、上海中心气象台受到国家通报表扬。

>>>　**本年**　我国开始数值天气预报的理论研究。1959年9月，我国首次作出亚欧范围的正压500百帕形势预报。1965年3月，正式向全国发布48小时500百帕形势预报。

1955 年

>>> **1月22日** 中共中央组织部通知,经中央1月17日批准,由王功贵、甘德洲、张乃召、罗漠组成第一届中央气象局党组,王功贵为党组书记。

>>> **2月21日** 中央气象局与中国科学院地球物理研究所重新签订合作办法和合作工作细则,取消联合天气分析预报中心、联合气候资料室两个合作机构。合作成立中期预报组,由双方共同领导,委托中央气象台代管,进行中期预报服务和研究工作;由地球物理研究所组织天气研究组,负责中国天气、气候及长期预报基本问题研究。

>>> **3月9日** 中央气象局、农业部联合印发《关于开展物候观测的通知》,决定1955年开始主要农作物的物候观测。中央气象局在台站管理处成立气象科,负责全国农业气象管理工作,气象站开始土壤湿度观测,开展土壤蒸发观测试点。

>>> **3月** 中央气象局在天气处增设民航气象科,负责组织协调全国民航气象工作。9月21日,中央气象局和中国民用航空局签订民航气象保证总合同,规定民航气象工作自1956年1月起改归中央气象局建制,实行气象局与民航局双重领导。1961年1月3日,民航系统的气象台(哨)全部由气象部门改归民航建制,实行以民航局为主的双重领导,国家气象部门在民航气象系统技术保障方面仍为领导关系。

>>> **6月** 中央气象局局长涂长望当选中国科学院学部委员。

>>> **8月18日** 国务院印发《关于加强防御台风工作的指示》,强调"防重于救""有备无患"的原则;要求各级气象部门进一步提高台风预报的时效性和准确性,并注意监视情况的变化发展,随时加以必要的补充和订正;邮电部门应加强对气象预报警报的传播工作,力求缩短传播时间。

>>> **9月1—22日** 应苏联水文气象总局邀请,中央气象局局长涂长望在参加瑞士日内瓦世界原子能和平利用会议后,率随从人员以观察员身份出席了在苏联莫斯科召开的东欧各国水文气象局长及邮电部代表会议。这是中央气象局首次组团正式访问苏联水文气象总局并参加东欧水文气象国际活动。

1956 年

>>> **1月25日** 毛泽东主席在最高国务会议研究农业发展规划时提出："人工造雨是非常重要的，希望气象工作者多努力。"

>>> **3月10日** 国务院同意将中央气象台改为中央气象科学研究所。8月1日，正式成立中央气象科学研究所，兼有业务、科研双重任务，即担负天气、气候、观测、仪器、通信、资料等项业务工作，并负责对全国气象台站的技术指导和开展试验研究工作。1960年9月，中央气象局恢复中央气象台独立建制，中央气象科学研究所的天气预报部分业务并入中央气象台。1978年5月，中央气象科学研究所更名为中央气象局气象科学研究院，1991年8月，更名为中国气象科学研究院。

>>> **3月** 中央气象局制定《关于气象事业十二年发展远景规划》，将气象科学研究作为重点项目之一，对气象科学重点学科、设立研究机构、培养研究干部作出部署。

>>> **4月2日** 国务院下达《西藏通航气象保证工作的指示》，西藏通航气象保证进入实施阶段。到1956年11月，建成班戈湖、索宗、嘉黎、边坝、然乌、羊八井、亚东、江孜8个气象站，并建成全球海拔最高的沱沱河探空站（海拔4535米）。

>>> **4月21日** 中央气象局印发《关于取消气象情报保密的决定》，天气实况、天气情况和天气预报使用明码，为气象部门正式开展公众天气预报服务创造了政策条件。

>>> **6月1日** 气象部门开始通过《人民日报》、北京人民广播电台等新闻媒体发布天气预报。11日，广播事业局、中央气象局联合印发《关于在各地人民广播电台、有线广播站建立天气报告广播节目的联合通知》，决定自6月起逐步在全国各人民广播电台和有线广播站建立《天气报告》广播节目，每日定时广播天气预报。

>>> **10月23—31日** 中国、苏联、蒙古、朝鲜、越南五国水文气象局长会议在北京召开，这是新中国成立后组织召开的首次国际气象会议。会议提出建立5条国际气象电传电路的建议，对于推进我国现代气象通信网的建立意义重大。

>>> **10月** 我国第一条气象干线电传电路北京—沈阳电路开通。到1958年底，先后建立了北京到武汉、上海、兰州、成都、广州等中心气象台的电传电路，上海—汉口、汉口—成都、成都—兰州等相邻区域间的有线电传电路相继建成。

1957 年

>>> **4月22—30日**　第一次全国气象先进工作者代表会议在北京召开，这是全国气象工作者的群英会，中央气象局苏联顾问和共青团中央委员会、林业部等7部（委、局）负责人向大会致辞祝贺。29日，毛泽东主席、朱德副主席、邓小平总书记等党和国家领导人在中南海接见与会全体代表。

>>> **5月21日**　国务院批复同意中央气象局设立农业气象研究室。到1962年，全国拥有农业气象试验站75个，物候观测点1441个，农业气象情报网发报站153个。

>>> **7月1日**　国际地球物理年正式启动。气象作为观测活动的重要组成部分，我国有93个地面气象台站、23个高空探测站、23个辐射观测站、1个臭氧观测站、23个极光目测站参加了观测工作。

1958 年

>>> **1 月 16 日** 中央气象局印发《开展全国农业旬报服务工作的通知》，决定全国自 1958 年起开展与加强农业气象情报服务工作。9 月 19 日，中央气象局发文建议各省（区、市）有条件的气象台站，在播种、收获及重要农事季节，广泛开展农业气象 5 日报服务。到 1959 年底，全国各省（区、市）气象局普遍编发了农业气象旬（月）报。

>>> **4 月 15 日** 湛江气象学校创建。2000 年，按教育部要求移交地方政府管理。2001 年 12 月，湛江气象学校并入广东海洋大学。

>>> **4 月** 中央气象局成立海洋水文气象处，开展海洋水文气象台站网筹建工作。7 月 31 日，国务院印发《关于在沿海各地建立海洋水文气象台站工作的几点通知》，要求沿海和岛屿上的水文气象台站由有关省、直辖市负责建立，中央气象局负责业务指导。到 1959 年底，全国建成海洋水文气象台站 109 个，其中海洋水文气象台 10 个，海洋水文气象站 99 个。1965 年 5 月，气象部门的海洋水文工作任务一律移交国家海洋局。

>>> **6 月 29 日—7 月 9 日** 全国气象工作会议在广西桂林召开。会议提出全国气象工作第二个"五年计划"的总方针：依靠全党全民办气象，提高服务质量，以农业服务为重点，组成全国气象服务网，建立并开展农业气象预报工作，在 3 年内完成农业气候区划等工作。

>>>　**7月24日**　中央气象局接受长江流域规划办公室委托，与中国科学院地球物理研究所、北京大学共同开展三峡水库上下游气象中期预报、大面积水面蒸发和三峡水库建成后对区域气候影响研究，开创了气象为重大工程建设服务的先河。12月25日，中央气象局在北京召开三峡气候研究协作会议，讨论三峡水库建成后对区域气候影响工作大纲。1960年6月，中央气象局与南京大学完成《三峡水库建成后对区域气候的影响》专题分析报告，分析结论被长江流域规划办公室《长江三峡水利枢纽可行性论证报告》引用。

>>>　**8月8日**　在吉林省首次进行飞机人工降雨抗旱作业，开启了我国现代人工影响天气事业的序幕。甘肃、北京、安徽、湖北、江苏、湖南、河北等省（市）相继开展人工增雨作业和消云、消雾试验。9月29日，中央气象局印发《关于开展人工控制局部天气试验研究工作的指示》。此后，全国先后有十几个省（区、市）开展人工增雨、人工防雹试验作业。12月2日，全国第一次人工降水工作会议召开。

1959 年

>>> **7月31日** 国务院印发《关于加强气象工作的通知》，提出5个方面的要求：各级人民委员会应当加强对气象工作的领导，对边远地区、高山和海岛的气象台站工作人员的生活和安全等方面，应当给以必要的照顾，专区和县级气象管理机构应当逐步健全起来；气象部门应当不断地改进气象预报方法和提高气象预报质量，加强对天气演变规律的研究，灾害性的天气警报必须以最快的方法通知生产建设部门，解决当前由于气象台站的迅速增加而引起的气象技术干部不能满足需要的矛盾；气象部门和生产建设部门应当密切联系，加强协作；各级气象部门和科学技术协会应当加强气象科学知识的宣传教育工作；制造气象仪器的工业部门应当抓紧气象仪器的生产和新气象仪器的设计、试制工作。

>>> **9月1—11日** 全国第一次气候资料工作会议在贵州贵阳召开。会议指出，气象资料工作重点是为农业服务，要实行上下整编相结合、阶段整编与当前需要相结合的原则，进一步推动气象资料业务的发展。气候资料工作发展进入新的阶段。

>>> **本年** 新疆维吾尔自治区气象局罗长雅、北京气象学校史久恩获"全国劳动模范"称号。河北省气象局刘占先、河南省气象局楚国运、重庆市气象局李德仁、宁夏回族自治区气象局聂树勋、新疆维吾尔自治区气象局阮洪基获"全国先进生产者"称号。

1960 年

>>> **1月12日** 在南京大学气象系的基础上成立南京大学气象学院，作为中央气象局直属单位，委托江苏省代管。1963 年 5 月 14 日，教育部和中央气象局联合发文，同意南京大学气象学院独立建校，校名改称南京气象学院。1978 年 2 月 17 日，国务院批准将南京气象学院列为全国重点高等学校，实行教育部和中央气象局双重领导、以中央气象局为主的管理体制。1994 年 9 月 14 日，世界气象组织（WMO）区域气象培训中心在南京气象学院正式挂牌成立。2000 年 2 月，体制划转为中国气象局与江苏省人民政府共建、以江苏省管理为主。2004 年 5 月，更名为南京信息工程大学。

>>> **1月20—23日** 国家科学技术委员会、中国科学院、中央气象局在北京召开第二次全国人工降水工作会议。5 月 12 日，国务院批转第二次全国人工降水工作会议报告，指出各地应密切结合生产需要和当地具体情况，积极开展人工控制天气工作，扩大人工降水的试验，加强人工降水理论研究。5 月 24 日，国务院召开办公会议，讨论人工降水问题。国务院副总理李先念指示国家科学技术委员会、中央气象局草拟远景规划、成立机构，抓好人工降水工作。

>>> **3月23日** 林业部、公安部、中央气象局联合印发《加强护林防火工作的通知》。6 月 30 日，中央气象局、林业部联合印发《关于开展林业气象工作的通知》，要求气象部门和林业部门密切配合，开展森林火灾危险天气预报和气象观测服务及试验工作。1961 年，中央气象局将林业气象台站移交林业部门建制管理，此后林业部门在林区的气象站因机构、人员、设备等原因相继撤销。

>>> **4月11日** 中央气象局颁发《航空天气报和航空危险天气通报组织办法》，对航空气象情报的组织原则、程序、发报次数等作出明确规定，5 月 15 日开始执行。航空气象情报服务逐步走向规范化、制度化，服务质量不断提高。

>>> **本年** 气象部门首次从英国引进小型雷达（波长 3 厘米），开始进行测雨观测。

1961年

>>> **5月3日** 中央气象局、轻工业部制盐工业局印发《关于交接盐业气象台站的联合通知》，为盐业生产服务的气象台站划归盐场建制，气象部门对盐场气象工作进行技术指导。2006年11月7日，中国气象局、中国盐业总公司联合印发《关于推进盐业气象管理体制改革的意见》，将分散在有关部门和企业管理的盐业气象台站整合到国家气象部门，实行由气象部门与盐业部门双重领导、以气象部门为主的管理体制。

>>> **10月10日** 中央气象局颁发《台风预报服务联防协作暂行办法》，自1962年1月1日起实行，对台风编号、联防、各级气象台站负责地区划分和任务、预报会商、气象情报资料交换、服务等作出明确规定。1985年4月，国家气象局颁发《台风业务和服务规定》，要求沿海直接受台风袭击的地区在分工负责基础上组织好联防协作，对台风编号与定位、加密观测、指令发布、通信传输、分析和预（警）报服务、资料收集和整编、国际协作和组织领导等作出具体规定。

1962 年

>>> **5月21日** 国务院农林办公室转发中央气象局《关于对气象台站精简工作的意见》，要求继续加大气象台站的调整力度。气象站、气候站、海洋水文站和农（林、牧）业气象试验站较上年年底减少 11%，其中海洋水文站和农（林、牧）业气象试验站均减少 28%。全国气象台站从 1960 年的 3240 个调整到 2843 个。经过 1963—1965 年的调整，全国气象台站的总数保持在 2300 多个。

>>> **9月** 饶兴任中央气象局局长 [任职时间：1962 年 9 月—1967 年 11 月，1972 年 10 月—1973 年 5 月（政治委员），1973 年 6 月—1979 年 3 月（主持工作），1979 年 4 月—1980 年 4 月]。

>>> **10月15日** 中央气象局向国务院农林办公室报送《关于调整气象工作管理体制的报告》，提出按照"集中领导，分级管理"原则，各气象台站均改归各省（区、市）气象局建制，人权、财权、器材供应、业务管理由省气象局负责。行政生活、政治思想和地方服务工作由当地党政领导。全国气象业务管理工作分中央气象局和省气象局两级。专区管理机构作为省气象局的派出机构，协助管理本地区的气象站。

>>> **本年** 江西瑞金大学气象中专班改为江西水利水电学校气象班。1977 年，在江西水利水电学校气象班的基础上建立南昌气象学校。1980 年，学校归中央气象局管理。2000 年，学校划归江西省人民政府管理。

1963 年

>>> 3 月 10 日　毛泽东、刘少奇、周恩来、邓小平等中央领导同志接见参加全国农业科学技术工作会议的气象组代表。

>>> 11 月 25 日　劳动部、中央气象局联合颁发《关于艰苦气象台站津贴的暂行规定》。艰苦气象台站津贴政策的实施，体现了党和政府对基层艰苦台站职工生活的关心，稳定了基层气象队伍。

1964 年

>>> 1月31日　中央气象局、中国科学院、中国农业科学院等单位联合成立全国农业气候区划委员会，负责组织、协调、指导和检查督促各地开展农业气候区划工作。5月23—30日，全国农业气候区划工作会议在江苏苏州召开，开始全国第一次农业气候区划工作。当月，有14个省（区）初步完成了省级农业气候区划。

>>> 2月6日　毛泽东主席在中南海邀请竺可桢等科学家谈话时说："看到你的《关于我国气候若干特点与粮食作物生产的关系》的文章，写得好啊！我们有个农业八字宪法……你的文章管了天，弥补了八字宪法的不足。"根据毛泽东主席的指示，气象部门进一步加强了为农业服务的工作。

>>> 10月16日　我国第一颗原子弹爆炸成功。面对复杂的气象条件，军地气象专家联合会商，提出核爆最佳时间，出色地完成了我国首次核爆炸试验的气象保障任务。原子弹试爆成功后，气象专家顾震潮收到周恩来总理签发的庆功宴请柬。

1965 年

>>> **6月19日** 周恩来总理在乘机赴开罗途中，飞越新疆明铁克山口时，向明铁克导航台和气象哨发出慰问电："你们为了保证安全航行，克服重重困难，不怕艰苦，在高山辛勤工作，在我们飞越国境的时候特电慰问，希继续努力。"

1966 年

>>>　2月5日　中央气象局发出《关于做好北方八省、市、自治区抗旱气象服务的紧急通知》，针对 1965 年以来北方广大地区降水奇少、出现近百年罕见大旱的情况，要求气象部门全力以赴投入抗旱斗争，当好各级党委领导抗旱工作的参谋。

>>>　3月1日　中央气象局印发《关于进一步加强气象战备和三线建设的几点意见》，提出按照和战结合的原则和业务长远发展的需要，建设一个既能适应平时需要又能适应战时需要的气象工作体系，并在推进气象战备、三线建设和平时业务建设相结合方面提出指导意见。

>>>　5月19日　中央气象局党内逐级传达《中国共产党中央委员会通知》（"五一六"通知）。"文化大革命"继而开始。

1967 年

>>> **11 月 22 日** 中央气象局印发《关于地面测风仪器换型的通知》，要求用中国自行设计制造的电接风向风速计替换现用的压板（维尔达）测风器。这是我国大气探测走向遥测化的第一步。从人工观测到仪器自动记录显示，由室外转入室内，我国单项遥测进入新纪元。

>>> **11 月 27 日** 中国人民解放军军代表奉命进驻中央气象局，负责领导全局的"文化大革命"运动及气象业务工作。1969 年 3 月 1 日，中央气象局成立军事代表政工组、办事组、业务组，启用新印章。1970 年 1 月 2 日，军事代表办事机构停止工作，3 月 25 日，军代表撤出中央气象局。

1968 年

>>>　**10月13—26日**　根据毛泽东主席精兵简政的指示,中央气象局进行了机构改革,行政机关由原来的一部、三处、一室的 168 人合并成政工、办事、业务 3 个组共 20 人;业务单位中央气象台、气候资料室、北京供应站由原来的 330 人减为 180 人;观象台并入中央气象科学研究所。

1969 年

>>> **1月29日** 周恩来总理在听取气象通信工作汇报时指出："一定要采取措施，改变落后面貌。一要搞我国自己的气象卫星；二要采取各种办法接收利用外国卫星传递的气象情报。"6月，我国成功研制出第一台气象卫星云图接收设备样机并投入业务使用，开始接收国外的气象卫星云图。到1972年前后，全国各省（区、市）气象台基本配备了气象卫星云图接收设备。

>>> **12月4日** 国务院、中央军委印发《关于总参军事气象局与中央气象局合并问题的通知》，两局合并后称中央气象局，归总参谋部领导，在军内保留总参谋部军事气象局的名称。各省（区、市）以下各级气象部门仍归当地各级革命委员会建制领导。中央气象局对各省（区、市），各军种、兵种，各基地的气象业务部门实施业务指导。

>>> **本年** "711"型天气雷达（波长3厘米）研制定型，这是我国自行生产的第一部专用天气雷达。

1970年

>>> **1月1日** 我国第一组气象移频电传广播正式投入业务，呼号为BAA，使用3部1千瓦、1部5千瓦发射机广播。以50波特速率向国内外发送我国的气象情报和天气分析、预报资料。到20世纪80年代初，各区域气象广播全部改为移频电传方式。最后一组莫尔斯广播到1985年停止使用，结束了我国莫尔斯气象广播和手抄广播的历史。

>>> **1月2日** 总参谋部军事气象局人员正式进入中央气象局驻地，完成两局合并。3月31日，总参谋部批准中央气象局总编制690人，调整设立了新的组织机构，按新的组织机构办公。

>>> **1月** 孟平任中央气象局局长（任职时间：1970年1月—1973年5月）。

>>> **5月27日** 中央气象局决定每年6月1日至9月底，每天上午以《天气公报》的形式向国务院汇报全国雨情。气象决策服务自此成为常态。

>>> **7月10—27日** 总参谋部在北京召开全国气象战备工作经验交流会议。9月22日，国务院、中央军委批转总参谋部《全国气象战备工作经验交流会议纪要》，提出全面落实气象工作"既为国防建设服务，同时又要为国民经济建设服务"的方针。

1971年

>>> 5月31日 周恩来总理在当日《天气公报》（内容是第六号台风在广西钦州登陆，北海市出现特大暴雨）上批示："告总参气象局，继续注意研究，并预测各种可能性，并告军委办事组、国务院业务组及有关部门。"

>>> 7月1日 中央军委批复总参谋部，同意中央气象局组建卫星气象中心站。12月5日，总参谋部批复同意中央气象局关于卫星气象中心站（代号701办公室）编制方案，进行卫星资料应用研究及卫星地面接收站建设。

1972 年

>>> **2 月 24 日**　世界气象组织以通信投票方式通过决议，恢复中华人民共和国在该组织的合法席位，承认中华人民共和国的代表为世界气象组织合法代表。1973 年 1 月 19 日，中华人民共和国代主席董必武签署承认世界气象组织公约。

>>> **3 月 19—25 日**　世界气象组织秘书长戴维斯访问中国，双方就中国批准该组织公约、委任常驻代表、参加区域协会和各技术委员会等有关具体程序进行了会谈。此后，中国有组织、有计划、有选择地逐步参与世界气象组织的有关活动和合作。

>>> **3 月**　中央军委副主席叶剑英批示《关于气象卫星研制问题的报告》，提出独立自主发展我国气象卫星，走静止和极轨两个系列协调发展的技术路线。

1973年

>>> **1月17日** 叶剑英、李先念等中央领导同志批示,同意中央气象局利用北京区域气象广播代替国家气象广播。年内,中央气象局与上海有线电厂合作试制出技术参数符合世界气象组织要求的滚筒式气象传真机,可直接接收中央台、中心台提供的各种预报指导产品,对进一步提高县站预报服务质量起了重要作用。

>>> **3月6日** 中共中央批准国务院、中央军委《关于调整测绘、气象、邮电部门体制问题的请示》,决定中央气象局与总参谋部军事气象局分开,分别划归国务院和中央军委建制。

>>> **5月20日** 国务院、中央军委印发《关于使用飞机进行人工降水问题的通知》,指出目前人工降水尚处在试验阶段,使用飞机进行人工降水,必须用于旱情较重的主要粮食产区和经济作物区;人工降水飞机任务应以民航为主担任,使用飞机计划报经国务院、中央军委批准;要加强对人工降水飞机的飞行管制和各项保障工作,切实保证飞行安全。

>>> **7月19日** 周恩来、李先念等国务院领导同志批准中央气象局《关于中国参加世界天气监视网全球通信系统的请示》,同意建立北京气象中心。1974年11月18日,北京气象通信枢纽工程开工建设。1980年1月5日,北京气象通信枢纽(BQS)系统投入业务运行,成为世界气象组织亚洲区域通信枢纽。BQS系统的建成是我国气象通信的转折点,实现了气象通信自动化,使国家气象中心收集、处理和分发国内外气象信息的能力明显提高。该成果获得1985年国家科学技术进步奖一等奖。

>>> **9月14日** 7314号超强台风"马格"在海南登陆，中心风力75米每秒，最大阵风超过85米每秒。这是新中国成立以来在我国登陆的最强台风，直到2014年第9号超强台风"威马逊"打破纪录为止。

>>> **10月12日** 叶剑英、李先念等中央领导同志批准外交部、交通部、农林部《关于向世界气象组织提供气象报告资料的请示》，同意我国向世界气象组织提供气象报告资料，包括392个站的气象资料、气象广播资料、海岸航务电台资料。

1974年

>>> **2月26日** 周恩来、邓小平等中央领导同志批准建立北京—东京气象电路。1977年9月与日本正式签订协议。12月1日，开通北京—东京的5条75波特卫星气象电路。我国开始进入全球气象电信系统主干线电路网。

>>> **9月19日** 中央气象局印发《关于北京气象传真广播开始试播的通知》，10月1日13时（北京时间）北京气象传真广播开始试播，我国第一组气象传真广播正式投入业务，呼号为BAF，使用4部6～8千瓦发射机广播。年内，开始建立无线气象传真广播，增加了图像传输。此后逐步恢复到原来的北京、武汉、成都、兰州4组国家和区域气象广播。

1975 年

>>> **1月16日** 国务院印发《国务院批转农林部关于加强海洋渔业气象服务的报告的通知》，确定在上海、旅大两市及广东省的气象局（台）筹建接收海上水文气象报告的专用通报台；上海、广东、山东省（市）气象局分别组织协调东海、南海、黄渤海海区的渔业气象服务工作。在中央气象台增设以三大洋为重点的国外天气预报业务，在上海、广东、浙江、福建等省（区、市）气象台和全国沿海重点地区（市）气象台内，增设海洋气象预报业务。

1976 年

>>> 2 月 25 日　交通部、农林部、中央气象局、国家海洋局印发《关于进一步加强船舶水文气象辅助测报工作的联合通知》，要求凡是开展测报工作的船舶，要进一步巩固提高水文气象测报质量，海运局、远洋公司、渔业公司要加强对这些船舶测报工作的领导。

>>> 9 月　"713"气象雷达（波长 5 厘米）设计定型。1977 年 3 月，投入小批量生产，为发展我国气象雷达新品种填补了一项空白。到 1980 年，我国建成天气雷达 150 部，初步形成了天气雷达监测网。

1977年

>>> 1月11日　中央气象局批准翻斗式遥测雨量计设计定型，并命名为SL1型翻斗式遥测雨量计，要求尽快生产并在全国推广使用。

>>> 3月7日　中央气象局和总参谋部军事气象局联合发出通知，批准"七七"式自动气象站设计定型，并命名为1977年式自动气象站，简称"七七"式自动气象站。

>>> 10月30日　中共中央、国务院领导同志批示，同意中央气象局、国家海洋局、总参谋部、交通部和外交部《关于参加第一次全球大气试验的请示》。我国参与世界气象组织的活动由浅入深，由点到面，逐步扩大。

1978 年

>>> **1月29日—2月3日** 世界气象组织副秘书长施奈德和大气试验办公室主任多斯与我方商谈中国参加全球试验的有关问题。在试验期间，中国列入世界天气监视网的392个气象台站（其中有89个探空站）按要求进行观测，并将所获资料传到指定的资料收集中心进行整编。第一次全球大气研究试验结束后，其科研工作并入1979年第八次世界气象大会建立的世界气候计划的世界气候研究子计划（WCRP）。

>>> **4月14日** 李先念等中央领导同志批准中央气象局《关于气象卫星资料接收处理系统工程建设问题的报告》，同意建设卫星气象中心及北京、广州、乌鲁木齐地面接收站。

>>> **7月28日** 气象出版社正式成立，开展气象图书出版工作。

>>> **10月7—19日** 中央气象局分两个阶段在天津和北京召开全国气象部门学大寨学大庆先进集体先进工作者代表会议，参加会议的有先进典型代表，各省（区、市）气象局的领导，军队、民航、农垦、盐业等有关部门的代表以及著名气象学家共计1300人。党和国家领导人出席闭幕式并接见了会议代表。

>>> **本年** 内蒙古自治区气象局夏彭年获全国科学大会成果奖。中央气象局气象科学研究院赵君哉、梁奇先获"全国先进科技工作者"称号。

1979 年

>>> **2月13日** 农业部、财政部、外交部联合向国务院报送《关于接受世界气象组织援助和提供我援助的请示》，计划采取"有给有取"的方针，在1979—1981年三年间，我国拟争取从世界气象组织自愿援助计划得到30万美元的援助，并拟向其提供20万元人民币的援助。28日，邓小平、李先念等中央领导同志批示同意。气象部门自1979年起，积极推进气象事业现代化建设，本着"气象无国界"和"必须在学习外国先进经验的同时，认真总结我国气象工作经验"的原则，坚持实行对外开放。通过对外开放，使我国气象科技水平与发达国家差距逐步缩小，同时扩大了我国的国际影响。

>>> **4月9—19日** 中美两国气象部门在北京就大气科技合作问题举行会谈，双方决定签署中美大气科技合作议定书，并就议定书草案达成协议。5月8日，两国签署了《中华人民共和国中央气象局和美利坚合众国国家海洋大气局科学技术合作议定书》，开创了我国对外科技人员交流、培训和引进先进技术的先河。到2019年底，我国气象部门与160多个国家和地区开展气象科技合作和交流，与22个国家签署气象科技合作协议或意向书，为亚洲、非洲国家提供气象科技援助。

36

>>> **5—8月** 中央气象局与中国科学院首次组织大规模青藏高原气象科学试验和理论分析研究，主要开展气象探测、天气过程和大气环流动力学热力学研究、青藏高原气象的数值模拟等试验。这次试验和研究，对于推动中国高原气象事业的发展起到重要作用，在国际上引起了关注。

>>> **7月4日** 交通部、中央气象局、国家海洋局联合印发《关于我国海上船舶水文气象辅助观测情报参加国际交换的通知》，要求对参加船舶测报的近海和远洋船舶、海岸电台加强船舶测报的组织领导。1980年1月1日起，首批选送40艘船只的观测资料，参加国际船舶观测情报交换。

>>> **7月12—21日** 全国气象部门农业气候资源调查和农业气候区划会议在河北秦皇岛召开，启动全国性的农业气候资源调查和第二次农业气候区划工作。到1985年，基本完成了全国农业气候区划、农作物气候区划、种植制度气候区划、畜牧气候区划，完成了省级农业气候区划和县级农业气候区划，全国有2000多个县完成了县级农业气候区划或编写了农业气候手册，完成单项或专题农业气候区划250多项。截至1990年，农业气候资源分析和区划成果获160项国家级和省部级奖，其中"全国农业气候资源和农业气候区划系列研究"获1988年国家科学技术进步奖一等奖。

>>> **12月11日** 林业部、中央气象局联合印发《关于恢复和加强森林火险预报工作的联合通知》，决定恢复林区气象台站和加强森林火险预报工作。此后，林区气象台站恢复，林业气象工作得到发展。

>>> **12月19日—1980年1月5日** 1980年全国气象局长会议在北京召开。这是气象部门在全党工作重点转移后召开的第一次全国性会议。会议研究了在全国气象部门贯彻"调整、改革、整顿、提高"八字方针，落实三年调整任务和相应措施；回顾30年发展历程，提出在台站布局中要行政区划与自然区划相结合；提出管理体制分两步实现以气象部门领导为主的双重领导体制改革。会议明确了气象事业现代化的长远目标，形成《全国气象工作三年调整的意见》等文件。

>>> **本年** 安徽省气象局刘长忍、四川省气象局马永桂、甘肃省气象局丁盘华、中央气象局气象科学研究院程刚获"全国劳动模范"称号。

1980 年

>>> **2月6日**　国务院、中央军委印发《关于从民兵高炮中拨出部分旧炮专门用于降雨防雹的通知》，要求北京卫戍区，上海、天津警备区从民兵现有"三七"高炮中拨出部分旧炮，交给地方人民政府专门作降雨防雹使用。此后，相关省份先后停止土炮、土火箭人工增雨防雹作业。人工增雨防雹业务装备有了较大改进。

>>> **3月28日**　国务院科技干部局、中央气象局联合印发《关于气象科技干部技术职称实施办法和技术考核（试用）标准》，确定了天气分析预报、气象观测、农业气象、气候资料、气象雷达、气象通信工程、气象计量、气象科技管理等8类技术干部考核暂行标准；同时颁发《气象科学研究干部技术职称试行办法》。通过技术职称评定工作，进一步调动了气象科技工作者的积极性。

>>> **4月15日**　国家基本建设委员会、中央气象局联合印发《关于保护气象台站观测环境的通知》，要求各级政府和各地城建规划部门将气象台站的观测场地列入城建规划，采取有效措施切实加以保护；气象台站附近禁止有对气象观测记录有影响的工程建设。这对进一步加强全国气象观测环境的保护发挥了重要作用。

>>> **4月22日**　联邦德国气象局和交通部气象专家应邀访华，双方商议建立北京—奥芬巴赫气象电路具体业务问题。8月1日，正式开通北京—奥芬巴赫"三报一话"卫星气象电路。1982年12月21日，通信速率提高到9600比特每秒，成为当时世界上气象高速通信电路之一。至此，北京气象中心东联东京，西接奥芬巴赫，真正成为全球气象通信系统环形主干电路上的一个重要通信枢纽，在全球气象情报交换中发挥了重要作用。

>>> **5月17日**　《国务院批转中央气象局关于改革气象部门管理体制的请示报告的通知》印发，指出："为促进气象工作现代化建设，适应气象工作专业性强、站网布局分散、情报资料传递集中等特点，气象工作实行统一领导，分级管理，由地方政府领导为主改为以气象部门领导为主是必要的。"全国陆续实行气象领导管理体制的重大改革。1983年3月29日，《国务院办公厅转发国家气象局关于全国气象部门机构改革方案的报告的通知》印发，明确全国气象部门从1983年起进行管理体制第二步调整改革，实行气象部门与地方政府双重领导，以气象部门为主的管理体制。1983年底，气象部门第二步管理体制调整改革完成。

>>> **10月**　中央气象局程纯枢当选中国科学院学部委员。

1981年

>>> **1月28日** 国务院办公厅转发《中央气象局关于巩固西藏气象工作的请示报告》。3月1日，财政部印发《关于西藏地区气象台站执行艰苦台站补助问题的通知》，每年由中央气象局拨出专款补助西藏地区艰苦气象台站。

>>> **2月** 薛伟民任中央气象局局长（任职时间：1981年2月—1982年4月）。

>>> **10月1日** 中央电视台《新闻联播》节目开始播发中央气象台的天气预报，口播全国天气形势预报和北京、上海、广州、武汉、沈阳、西安、兰州、成都8个城市的天气预报。1993年3月1日，中央电视台《天气预报》节目改版，气象节目主持人从幕后走上前台讲解天气，并增加了早间、午间、午夜气象服务节目，《天气预报》成为中央电视台收视率最高的节目之一。

1982 年

>>> **2 月 16 日** 我国短期数值预报业务系统（B 模式）正式投入业务运行。该系统建立了自动化的短期数值天气预报业务系统，结束了我国只能接收国外数值预报产品的历史，是我国天气预报发展史上的重要里程碑，其预报产品在各级气象台站得到广泛使用。该成果填补了我国在这一领域的空白，获得 1985 年国家科学技术进步奖一等奖。

>>> **3 月 5 日** 国务院领导同志批准中央气象局《关于气象工作方针的请示报告》。新时期的气象工作方针是：积极推进气象科学技术现代化，提高灾害性天气的监测预报能力，准确及时地为经济建设和国防建设服务，以农业服务为重点，不断提高服务的经济效益。

>>> **4 月 13 日** 中央气象局党组上报中共中央、国务院《关于中央气象局精简机构和干部配备方案的报告》，提出将"中央气象局"更名为"国家气象局"。4 月 24 日，中共中央中任〔1982〕39 号文件批准国家气象局机构改革后局级领导干部的任职，从此"中央气象局"改称"国家气象局"。

>>> **4 月** 邹竞蒙任国家气象局局长（任职时间：1982 年 4 月—1996 年 8 月）。

>>> **11 月 13 日** 国家气象局印发《关于进一步加强专业气象服务工作的通知》，强调沿海各省（区、市）气象部门在做好陆地气象服务工作的同时，要积极开展海上石油勘察、交通运输、渔业捕捞、海滩救护等海洋气象服务工作；内陆各省（区、市）气象部门在做好为农业服务的同时，要积极为工矿、铁路、航运、牧业、渔业、林业、副业、建筑业、水库以及各种大型工程等提供专业气象服务。

>>> **12 月 29 日** 国家气象局业务主管机构印发《关于开展海上石油开发气象服务等有关问题的函》，要求有关省（区、市）气象局积极承担并切实做好我国所有海域中外合作海区石油开发气象服务工作。

1983 年

>>> **7月** 长江流域普降暴雨，沿江水位普遍超过警戒水位，有些地方甚至超过了 1954 年最大洪水水位。各级气象部门准确预报了数次暴雨过程，特别是准确预报了 11—15 日上游暴雨、局部大暴雨过程。湖北省和荆江地区防汛指挥部根据天气预报，紧急部署，组织 10 多万人加固江堤险段，并对该区大型水库提前泄洪，错开了长江洪峰，确保了长江大堤的安全。

>>> **同月** 四川北部、陕西南部连降暴雨，安康出现历史罕见的特大洪水，老城全部被淹。对这次暴雨过程，中央气象台、有关省和地区三级气象部门均提前数天作出准确预报，并多次向各级政府领导和防汛指挥部门汇报。在关键时刻，陕西省政府作出立即撤离安康老城区近 7 万群众的重大决策，从而最大限度减少了人民的生命和财产损失。

>>> **8月13日** 中央军委主席邓小平视察长白山天池气象站。

>>> **8月24日** 广播电视部、国家气象局印发《关于进一步做好天气预报的联合通知》，要求各级广播电台、电视台要继续办好天气预报广播，根据需要与可能，适当增加广播次数，天气预报力求准确及时；局部地区遇到突发性、灾害性天气，需要立即广播的，经同级党委或政府批准，可以在当次节目中或两档节目间随时插播。联合通知的下达，强化了广播天气预报服务，有力促进了电视天气预报服务工作。

1984 年

>>> **1月1—11日** 1984年全国气象局长会议在北京召开。会议通过《建国以来气象工作基本经验总结》《气象现代化建设发展纲要》，进一步规划了到20世纪末气象事业现代化建设的基本蓝图。1月10日，国务院副总理李鹏到会作了重要讲话。会议后，国家气象局印发《气象现代化建设发展纲要》，开启了我国气象现代化建设的新征程，全国气象现代化建设出现前所未有的崭新局面。

>>> **6月1日** 国家气象局同意气象科学研究院成立南极气候研究室，负责南极气象考察和研究工作。7月28日，国家气象局决定参加世界气象组织南极气象工作组。10月8日，中国首次南极洲考察队组成，气象科学研究院4名科技人员参加。11月20日，考察队乘坐"向阳红10号"海洋考察船从上海出发。1985年4月10日，首次南极考察工作顺利完成。

>>> **6月** 国家气象局成立气象软件开发应用管理小组，统一组织规划和审定气象应用软件的开发成果鉴定并推广使用。地面观测业务开始采用PC1500微型计算机进行编报处理，业务质量明显提高。

>>> **10月20—26日** 全国气象教育工作会议在江苏南京召开，对进一步加强全国气象教育工作，大力提高职工队伍的整体素质起到重要的推动作用。1985年3月16日，国家气象局印发《关于建立气象高、中等教育自学考试制度的决定》，成立自学考试委员会。

>>> **12月15—25日** 1985年全国气象局长会议在吉林长春召开。会议内容涉及气象部门改革原则、人事工作改革、计划财务管理改革、气象物资工作改革及气象专业有偿服务等。要求全国气象部门在大力加强社会公众服务的同时，大力推行气象专业有偿服务。强调要一手抓公众服务，一手抓有偿服务。这次会议对于推动全国气象部门改革气象服务方式，积极开展气象专业有偿服务，起到了非常重要的推动作用。

1985 年

>>> **3 月 29 日** 国务院办公厅批准国家气象局《关于气象部门开展有偿服务和综合经营的报告》。8 月 16 日，财政部、国家气象局联合印发《关于气象部门开展专业服务收费及其财务管理的几项规定的通知》，就气象部门专业服务收费范围、收费原则、收入的分配与使用以及财务要求等作出明确规定。1990 年 12 月 4 日，财政部、国家气象局联合印发《关于气象部门专业服务收费及财务管理的补充规定》，气象专业有偿服务政策日趋完善，进入了有规可依、快速发展时期。

>>> **5 月 15 日** 国家气象局决定成立三峡气象工作领导小组、三峡气象服务中心，研究制定三峡地区气象事业发展计划和长远规划，加强三峡工程和三峡地区经济开发的气象服务及气象科研工作。

>>> **8 月** 辽宁省发生历史罕见的洪涝灾害。受 3 个台风过境影响，辽河、浑河、太子河、鸭绿江等主要江河全线告急，大连、盘锦、沈阳、辽阳、鞍山、营口、丹东受灾严重。辽宁省气象局和沈阳中心气象台先后 70 多次向辽宁省委、省政府和省防汛指挥部汇报天气过程，提供准确及时的天气预报。

>>> **12 月 20 日—1986 年 1 月 23 日** 全国气象系统微机开发应用展览会在北京举办，参加展览的 54 个单位共展出 300 多个项目。国务院副总理李鹏和中央国家机关几十个部（委、办）的领导同志参观了展览。展览会后，国务院电子振兴办公室将气象部门列为全国 11 大计算机应用部门之一。

>>> **本年** "短期数值天气预报业务系统（B）的建立与推广应用""计算机自动化系统在气象通讯中的应用""1981—1984 年间四次大暴雨短期预报的成功和优质服务"获国家科学技术进步奖一等奖。"北方暴雨预报方法及理论研究的推广应用""中国科学院万立方米高空科学气球技术系统"获国家科学技术进步奖二等奖。

1986 年

>>> 3月31日　国家气象局印发《关于灾害性天气预报服务情况和灾情收集上报的通知》，要求各级气象部门加强台风、暴雨、干旱、冰雹、龙卷、大风、雪灾、霜冻、冻害、雨凇、冻雨等灾害性天气预报服务情况和灾情的收集上报工作。全国气象部门灾害性天气预报服务和灾情收集工作进入规范化轨道。

>>> 10月1日　国家气象中心电视天气预报制作系统投入运行，首次应用计算机技术制作电视天气预报节目。同日播出的中央电视台《新闻联播天气预报》节目同时改版，动态彩色卫星云图和天气演变图直观、生动，播出城市总数达到30个。

>>> 11月12日　国家气象局印发《关于CCS400微机气象资料处理系统六项程序投入业务使用的通知》，全面推广应用PC1500–CCS400编制高表–1、高表–2等6项程序，推进气象资料业务微机化。这是地面、高空气象测报、审核、资料处理业务技术体制的创新，标志着气象探测自动化迈出坚实的一步。到1991年底，全国气象台站的地面观测业务和全部探空站配备了PC1500计算机，实现了数据计算机处理、编报和制表统计的半自动化，使人工处理的差错明显减少，提高了探测质量和时效，培养了计算机使用人才，为以后的计算机推广应用奠定了基础。

1987 年

>>> 1月5—8日 首次全国气象服务工作会议在广东广州召开。会议提出：在气象服务工作中要做到"质量第一、用户第一、信誉第一"；要在"准"和"专"上下功夫；要一手抓公众气象服务、一手抓专业有偿气象服务；不断拓宽专业气象服务领域，努力开创气象服务新局面。

>>> 2月5日 国家气候委员会在北京成立，委员会由国家科学技术委员会等13个部委的领导和专家组成，挂靠国家气象局，邹竞蒙任主任委员。国家气候委员会的成立，开启了我国气候和气候变化科研与业务相结合的新篇章。12月，国家气候委员会会议审议《国家气候蓝皮书纲要》。1989年12月，国家气候委员会召开第二次全体会议，审议《国家气候蓝皮书》和《国家气候计划纲要》。

>>> 5月6日—6月2日 大兴安岭地区发生特大森林火灾。5月7日，气象部门在卫星云图上监测到3个火源点，及时向中央领导及有关部门报告。并每天向有关部门及地方提供卫星云图、火场形势素描图等气象服务材料，为各级森林防火指挥部门的战役部署和战斗安排提供可靠的依据；适时抓住有利天气条件，连续开展人工增雨作业，火场及其周围普降小雨，局部地区达到中雨，为全部扑灭地面明火起到积极作用。

>>> 5月19日 邹竞蒙当选为世界气象组织主席，任期四年，这是中国人在联合国专门机构中首次担任主席职务。1991年5月获选连任。

>>> **12 月 26 日** 国家"六五"和"七五"重点建设项目——气象卫星资料接收处理系统工程通过验收，国家主席李先念出席工程竣工仪式并剪彩。同时验收的包括北京、广州、乌鲁木齐 3 个气象卫星地面站。其中，"风云一号"气象卫星地面接收处理系统于 1978 年开始建设，历经近 10 年建成，填补了我国在这一领域的空白。

>>> **本年** "微波辐射计及其环境遥感应用"获国家科学技术进步奖一等奖。"东亚大气环流研究"获国家自然科学奖一等奖。"旋转大气中运动的适应过程问题研究""中国降水过程与湿斜压天气动力学研究"获国家自然科学奖二等奖。

1988 年

>>> **4 月 25 日—5 月 6 日**　全国气象局长会议在北京召开。会议贯彻党的十三大精神，研究气象部门加快和深化改革的问题，通过《全国气象部门加快和深化改革的总体设想》及国家气象局机关 8 个"三定"改革的分方案。

>>> **5 月 20 日**　上海（华东）区域气象中心成立。其后，北京（华北）、武汉（华中）、广州（华南）、兰州（西北）、沈阳（东北）、成都（西南）、乌鲁木齐区域气象中心相继成立，承担区域内气象工作的组织协调、业务指导、科研组织、技术支持、专业培训等职能，发挥区域引领和示范作用。

>>> **7 月 21 日**　国家气象局印发《气象部门加快和深化改革的总体设想》及业务技术体制、气象服务、科学技术研究体制、气象教育体制、气象部门人事制度、气象计划财务、综合经营、气象仪器设备管理等 8 个改革分方案。以此为标志，全国气象部门全面实施改革。

>>> **8 月 28 日**　国务院批转国家气象局、国家计划委员会、财政部《关于请地方财政合理分担气象经费的请示》，为建立气象双重计划财务体制奠定了重要基础。国家气象局在"八五"气象事业发展计划中提出"国家气象事业和地方气象事业"的概念，将气象事业发展纳入地方国民经济计划。

>>> **9 月 7 日**　我国第一颗极轨气象卫星"风云一号"A 星在山西太原卫星发射中心发射成功，同日收到第一幅彩色合成风云卫星云图，填补了中国应用气象卫星领域的空白，揭开了在防灾减灾、应对气候变化和国民经济建设中使用国产气象卫星的序幕。1997 年 6 月 10 日，我国第一颗静止气象卫星"风云二号"成功发射。我国成为世界上少数几个能同时研制、发射、管理极轨和静止气象卫星的国家之一。

>>> **11月** 世界气象组织和联合国环境规划署（UNEP）共同成立了政府间气候变化专门委员会（IPCC），启动国际气候变化科学评估工作。国家气象局是IPCC中国国内牵头组织单位，代表中国政府参与系列活动。国家气象局局长为IPCC中国政府首席代表。

>>> **本年** "714型台风警戒雷达系统"获国家科学技术进步奖二等奖。

1989 年

>>> **1月5日** 中国气象报社正式成立。4月5日,《中国气象报》正式出刊, 张爱萍上将题写报名。

>>> **9月6日** 国家气象局印发《地基气象探测系统发展方案》,调整地面气象 观测站任务,按不同任务将气象站分为国家基准气候站、国家基本气象站、一般 气象站和辅助气象站4类。截至1991年底,全国共有地面气象观测站2475个, 其中国家基准气候站81个、国家基本气象站598个、一般气象站1667个、辅助 气象站129个。

>>> **10月15—18日** 全国气象部门综合经营工作会议在上海召开,会议通过 《气象部门综合经营管理办法》,进一步推动气象部门综合经营健康发展。

>>> **本年** "NOAA系列气象卫星资料接收处理系统和开发应用服务"获国家科 学技术进步奖一等奖。"暴雨数值天气预报及其业务应用""全国十九省(区、市) 风能资源详查研究"获国家科学技术进步奖二等奖。

>>> **本年** 内蒙古自治区气象局贺勤、江西省气象局詹丰兴、湖南省气象局黄晓 霞、西藏自治区气象局洛桑扎西、甘肃省气象局姚腾龙、新疆维吾尔自治区气象 局李科获"全国先进工作者"称号。

1990 年

>>> **1月5—9日**　全国气象部门思想政治工作会议在上海召开。会议通过《国家气象局关于加强气象部门思想政治工作的决定》《国家气象局关于气象部门廉政建设的若干规定》。5月26日，国家气象局成立思想政治工作领导小组。

>>> **2月28日**　国家气候变化协调小组成立，国务委员宋健任组长，办公室设在国家气象局，承担国务院环境保护委员会有关气候变化评价、对策和外事活动的协调职责。

>>> **3月16日**　由国家气象局、北京农林科学院共同主持开展的"冬小麦气象卫星遥感综合测产技术研究"通过鉴定。这是我国首次建立的以气象卫星为主的遥感综合测产技术体系，产量预报精度达到国内外同类领先水平。

>>> **9月22日—10月7日**　第十一届亚洲运动会在北京举办。1986年，气象部门开始组织调研、制定方案、进行赛前现场观测和科研工作。1987年7月，成立亚运会气象服务领导小组。1989年1月，组建亚运会气象服务中心，运用高技术产品和体育气象科研成果，提高了气象保障能力和服务效果。亚运会组委会对气象服务保障工作给予高度评价。

>>> **10月16—20日**　国家气象局第二次全国气象服务工作会议在上海召开，提出紧密结合国民经济发展的需要，进一步提高服务能力，拓宽服务领域，并将做好决策服务和公益服务作为气象服务工作的主要职责。

>>> **本年**　"华北平原作物水分胁迫和干旱""我国酸雨的来源、影响及其控制对策的研究"获国家科学技术进步奖二等奖。

1991年

>>> **2月26日—3月2日** 全国气象局长会议在北京召开。国务委员宋健代表国务院总理李鹏出席会议并作重要讲话，国务院有关部（委、局）领导出席开幕式。会议通过《关于气象事业发展十年规划（1991—2000年）的意见》，强调完善"双重领导、以气象部门为主"的领导管理体制；继续调整结构，提高系统总体效益；深化气象业务技术体制改革，增强气象部门的业务、服务能力和自我发展能力；增强开放意识，注重横向交流，促进事业发展；扩大对外开放，促进国际合作交流；改善职工的工作和生活条件，加强社会主义精神文明建设。

>>> **6月15日** 我国第一代中期数值预报业务系统（T42）建成并投入业务运行。该系统每天向全国各级气象台站和有关单位提供500多种天气预报指导产品，可用预报由原来的2~3天提高到3~5天，产品种类、信息量和质量均超越我国其他数值预报系统。同年，与该系统相配套的新有限区细网格分析预报系统建成，在预报模式、初值分析、地形处理等方面取得新进展，预报时效提高了24小时。

>>> **6月** 江淮地区发生特大洪涝灾害。14日，气象部门作出雨带将南压、淮河流域雨势将减弱的预报，并向防洪一线指挥部汇报。中央根据气象预报决定推迟分洪，为安徽阜阳蒙洼蓄洪区1.9万多人的安全撤离争取了7个多小时的时间。事后，国务院总理李鹏致信，称赞1991年江淮地区防御特大洪涝中的气象服务工作。

>>> **12月** 中国气象科学研究院周秀骥当选中国科学院学部委员。

>>> **本年** "UHF多普勒测风雷达系统"获国家科学技术进步奖一等奖。"中国亚热带东部丘陵山区农业气候资源及其合理利用研究""北方冬小麦卫星遥感动态监测及估产系统"获国家科学技术进步奖二等奖。

>>> **本年** 陕西省气象局陈素华获"全国先进工作者"称号。

1992 年

>>> **5月2日** 国务院印发《关于进一步加强气象工作的通知》，明确提出"建立健全与气象部门现行领导管理体制相适应的双重气象计划体制和相应的财务渠道"和积极发展"地方气象事业"重要任务，对气象事业 20 世纪 90 年代大发展起到巨大的推动作用。

>>> **5月25日** 国家气象局至中南海的光纤通信传输系统开通。7月1日，开始为中南海制作气象信息节目。这是国家气象局为国家最高决策层服务的一项重要措施。8月14日，国务院总理李鹏在观看气象信息服务系统播出的气象节目后说："很好，请继续报，多报一些中期预测，以供参考。"

>>> **6月12—13日** 联合国环境与发展大会首脑会议在巴西里约热内卢召开。包括中国政府总理李鹏在内的 153 个国家和欧洲共同体代表签署了《联合国气候变化框架公约》。中国是该公约最早的 10 个缔约方之一。公约明确规定发达国家与发展中国家应对全球气候保护承担"共同但有区别的责任"。1994 年 3 月 21 日，公约正式生效。

>>> **7月11日** 国家气象局颁发第 1 号令《发布天气预报管理暂行办法》，这是国家气象主管机构发布的第一个部门规章。

>>> **8月16—22日** 全国气象局长工作研讨会在黑龙江哈尔滨召开。会议首次提出气象部门应当按照基本气象业务、气象科学研究和技术开发、气象信息服务、气象高科技为主体的产业"四部分"进行事业结构调整的设想。1993 年，全国气象局长会议将新型气象事业结构确定为基本气象系统、气象科技服务和以高新技术产业为重点的综合经营"三大块"组成，并提出要建立和完善相适应的运行机制。

>>> **10 月** 卫星通信气象综合应用业务系统（代号 9210 工程）立项，2000 年 1 月 4 日，通过验收并投入业务运行。9210 工程是气象部门 20 世纪 90 年代骨干工程，解决了长期以来困扰我国气象通信的问题，提高了我国气象通信的能力和水平。

>>> **本年** "灾害性天气监测和短时预报系统"获国家科学技术进步奖一等奖。

1993 年

>>> 4 月 1—8 日　第一届中国气象科技成果展示交流会在北京举行，近 70 个单位的 500 多项成果参展。国务院总理李鹏题词"发展气象事业，造福全国人民"。国务院副总理田纪云、邹家华和国务委员宋健分别题词。全国政协副主席钱正英，中国科学技术协会及国务院部（委、局）的领导出席开幕式。

>>> 4 月 6 日　全国气象工作会议在北京召开，国务院总理李鹏发来贺信。会议通过《气象事业发展纲要（1991—2020 年）》和《气象事业发展十年规划（1991—2000 年）》，提出到 2000 年和 2020 年的发展目标和主要任务，并于 1994 年 1 月由中国气象局正式印发。会议期间，国务委员宋健与参会的省级人民政府和国务院有关部门领导就如何发挥双重领导体制，加速气象事业的发展进行了座谈。

>>> 4 月 19 日　国务院印发《关于国务院机构设置的通知》，将"国家气象局"改名为"中国气象局"，由国务院直属机构改为国务院直属事业单位。

>>> 5 月 5 日　甘肃省河西五地市以及白银、定西等地，自西向东出现历史上少见的特大沙尘暴天气。强风裹挟黄沙在金昌市附近形成黑风，风沙形成的沙暴壁高达 400 米，能见度为零，整个过程历时 6 小时。气象部门提前预报，并以各种通信手段向党政军部门和重点企事业 360 多个单位提供了气象服务，减少了灾害造成的损失。

>>> 7 月 15 日　中国气象局印发《关于进一步加强国家重点建设项目气象服务工作的通知》，要求各省、地级气象部门对本地区的国家重点工程和建设项目进行深入全面的调查研究，运用多种服务手段进行全过程系列化服务，加强气象服务的联防协作，集中技术力量积极进行专业和专题性应用技术研究。

>>> **10月14日**　中国首台"银河－Ⅱ"巨型计算机中期数值天气预报新业务系统运行庆典在北京举行,开启了我国气象部门拥有巨型计算机的历史。

>>> **11月**　北京气象学院丑纪范当选中国科学院院士。

>>> **本年**　"北方层状云人工降水试验研究"获国家科学技术进步奖二等奖。

1994 年

>>> **5 月 27 日**　国务院办公厅印发《关于同意建立人工影响天气协调会议制度的通知》，协调会议制度成员单位由国务院 11 个部（委、局）、中国科学院和军队气象部门组成，中国气象局为牵头单位，中国气象局局长任召集人。10 月 18 日，全国人工影响天气协调会议成立会议暨第一次全体会议在北京召开，通过《全国人工影响天气协调会议的组成、主要任务和会议制度》，国务委员陈俊生到会发表重要讲话。

>>> **6 月**　中国气象局章基嘉当选中国工程院院士。

>>> **8 月 18 日**　国务院总理李鹏签署国务院第 164 号令，颁布《中华人民共和国气象条例》，自发布之日起施行。这是我国第一部综合性气象行政法规。以《中华人民共和国气象条例》出台为标志，我国气象法治建设进入快速发展时期。

>>> **9 月 15 日**　世界气象组织代表联合国开发计划署与中国政府同时在瑞士日内瓦和中国北京宣布：世界上海拔最高的监测臭氧和温室气体的观象台将在中国开始工作。9 月 17 日，瓦里关中国大气本底基准观象台正式挂牌成立，填补了世界气象组织全球大气本底基准观测站在欧亚大陆的空白。

>>> **本年**　汛期，我国南方暴雨频繁，北方先旱后涝，多地重复受灾；有 12 个台风（热带风暴）在我国沿海登陆，居新中国成立以来同期首位。中国气象局专门成立重大天气气候联合服务组，中国气象局领导分别列席中央政治局常委会议、国务院总理办公会议，汇报汛期前期天气气候特点和后期趋势预报，为党中央、国务院指挥全国防汛抗旱斗争提供决策依据。12 月 5 日，国家防汛抗旱总指挥部发布《关于嘉奖中国气象局的命令》。

1995 年

>>> **1月10日** 经国务院批准，国家气候中心正式成立，对加强我国气候变化的研究与预测、气候资源的开发利用与保护，特别是对进一步加强我国短期气候预测业务具有十分重要的意义。

>>> **3月22—25日** 第一次全国人工影响天气工作会议在北京召开。国务院13个部（委、局），32个省（区、市）及计划单列市人民政府领导及有关代表出席会议。

>>> **4月19—22日** 第三次全国气象服务工作会议在湖北宜昌召开，提出把公益服务放在首位、把决策服务放在首位，突出以农业服务为重点的"两首位、一重点"气象服务理念。

>>> **7月** 国家气象中心李泽椿当选中国工程院院士。

>>> **8月31日** 国务院总理李鹏视察中国气象局，看望延安时期参与人民气象事业创建工作的部分老同志和在京单位部分气象工作者代表，祝贺人民气象事业创建50周年并发表重要讲话。

>>> **9月1日** 人民气象事业创建50周年纪念大会在北京举行。中共中央总书记江泽民题词"继承和发扬延安精神，促进气象事业迅速发展"。国务院总理李鹏题词"弘扬延安精神，发展气象事业"。国务院副总理姜春云到会讲话。

>>> **9月3日** 首都各界数万名群众在天安门广场举行纪念中国人民抗日战争暨世界反法西斯战争胜利50周年重大活动，党和国家领导人出席活动。为保障重大活动的成功举办，中央气象台、北京市气象台联合协作，加强监测，提前准确预报出降水出现的时间，主办单位根据预报信息及时调整日程，将活动开始时间由上午10时提前到9时，保证了重大活动在降雨来临前顺利完成。

>>> **本年** "中国中期数值天气预报业务系统""风云一号气象卫星资料接收处理应用系统"获国家科学技术进步奖二等奖。"东亚季风研究"获国家自然科学奖二等奖。

>>> **本年** 北京市气象局谭晓光、辽宁省气象局刘桂芬、国家气象中心赵西峰获"全国先进工作者"称号。

1996 年

>>> **1月17日** 中共中央总书记江泽民视察中国气象局，接见全国气象局长会议代表和全国气象科技大会代表。江泽民强调："气象事业发展水平的高低是一个国家现代化水平的重要的标志之一。""气象工作对国民经济各行各业都有重要影响，经济越发展，气象服务的效益越明显，但一定要把为农业服务放在首位，发展农业离不开气象，气象为农业服务大有可为。""气象预报是否准确，不仅是经济问题，也是政治问题。关系到经济建设，关系到社会安定，人民群众关心，党中央、国务院关心。希望你们继续努力，不断提高气象工作水平。"

>>> **1月17—20日** 全国气象科技大会在北京召开。会议学习贯彻邓小平关于"科学技术是第一生产力"的思想和1995年全国科学技术大会精神，总结党的十一届三中全会以来气象科技工作取得的成就和基本经验，深入贯彻党中央、国务院"科教兴国"的战略决策，进一步落实中国气象局党组提出的"科教兴气象"战略。会议通过《中国气象局关于贯彻落实〈中共中央 国务院关于加速科学技术进步的决定〉的意见》。

>>> **8月** 温克刚任中国气象局局长（任职时间：1996年8月—2000年12月）。

>>> **本年** 浙江省气象局陈金水获"全国优秀共产党员"称号。

1997 年

>>> **1 月 25 日** 全国人大常委会委员长乔石视察中国气象局，接见中央气象台电视天气预报节目主持人。

>>> **3 月 2 日** 中国气象局网站（http://www.cma.gov.cn）正式注册。

>>> **6 月 16—18 日** 中国气象局召开香港回归气象服务工作会议，部署落实香港回归重大活动期间的气象保障工作。6 月 25 日开始，每天向中共中央办公厅、国务院办公厅报送《香港回归天气专报》。气象服务工作受到各级领导和社会公众的一致好评。国务院领导致电："中央领导同志对香港回归期间天气预报服务工作很满意，你们做到了预报准确，服务及时。"

>>> **9 月 3 日** 天气预报人机交互处理系统（MICAPS 1.0）通过业务验收，并进行全国业务布点。该系统可更方便、更快速地分析处理和显示各种气象信息，并生成多种形式的预报产品，既有我国特色，又达到了 20 世纪 90 年代的国际水平。2019 年，该系统升级到 4.5 版，是气象科技创新和国家级现代化的重要标志之一。

>>> **9 月 4 日** 中国气象局和福建省人民政府联合通过福建省中尺度灾害性天气预警系统一期工程验收。该系统是我国建成的第一个省级中尺度灾害性天气预警系统，达到国内同类气象防灾减灾工程建设的领先水平。

>>> **11 月 27 日** 国务院办公厅转发《中国气象局关于加快发展地方气象事业的意见》，对发展地方气象事业的主要任务、建立与国家财政体制相适应的地方气象投入体制、努力改善气象职工的工作和生活条件、加强对发展地方气象事业的领导等方面提出明确要求。对于推进全国地方气象事业的快速发展，起到了极为重要的促进作用。

>>> **11月** 国家卫星气象中心许健民当选中国工程院院士。

>>> **本年** "我国台风、暴雨灾害性天气监测、预报业务系统"获国家科学技术进步奖二等奖。

1998 年

>>> **5月3日** 科学技术部、中国气象局联合在广东广州召开四大气象科学试验（第二次青藏高原大气试验、南海季风试验、华南暴雨试验、淮河流域能量与水分循环试验）新闻发布会，宣布"四大气象科学试验"正式启动。这是以我国为主体进行的最大的一次大气－海洋水文综合试验。

>>> **6—8月** 长江流域发生1954年以来的特大洪水，嫩江和松花江出现有气象记录以来的特大洪水。面对十分复杂的天气气候变化和极端严峻的防汛抗洪形势，全国气象部门上下动员、通力协作，严密监视、科学分析，准确作出短期气候预测和中短期重大灾害性、关键性、转折性天气预报，为党中央和国务院领导防洪和抗洪斗争、为各级党政领导科学决策，提供了优质气象服务，发挥了重要作用。中共中央总书记江泽民在全国抗洪抢险总结表彰大会上，对气象服务给予充分肯定。

>>> **本年** 宁夏回族自治区气象局段云汉获"全国民族团结进步先进个人"称号。

1999 年

>>> **9月8—10日** 全国气象局长工作研讨会在山东青岛召开，根据国家对事业单位改革总体要求，结合部门实际，提出了建立由气象行政管理、基本气象系统、气象科技服务与产业等"三部分"组成的构想。2000年2月7日，中国气象局印发《关于深化气象部门改革的若干意见》，通过加快气象事业结构战略性调整，初步形成结构合理、界面清晰、协调发展的，由"三部分"组成的气象事业基本框架，并建立相应的管理体制和运行机制。

>>> **10月1日** 党中央、国务院、中央军委在天安门广场举行庆祝新中国成立50周年活动。为做好国庆庆祝活动气象服务，中央气象台、北京市气象台与在京部队、民航气象系统联合会商，提前一周为党中央、国务院提供多要素逐日滚动天气预报信息。9月30日下午，北京大雨至午夜仍未出现停止迹象，庆祝活动能否成功举行成为国内、国际瞩目的焦点。气象部门通过运用各种先进手段和探测、监测信息，准确预报10月1日凌晨4时左右雨停，上午10时后云层变薄。及时、准确的预报服务，确保了国庆庆祝活动的顺利进行，受到了党中央的表扬。

>>> **10月31日** 第九届全国人大常委会第12次会议审议通过，江泽民主席签发第23号主席令，颁布《中华人民共和国气象法》，自2000年1月1日起施行。这是我国第一部规范全社会气象活动和行为的法律，是全社会、全行业依法从事气象活动的行为准则，为各级气象主管机构贯彻落实依法治国基本方略和全面推进依法行政、依法规范气象活动、依法管理气象工作，以及促进我国气象事业持续快速健康发展，提供了重要的法律依据和强有力的法律保障，标志着我国气象事业进入依法发展的新阶段。

>>> **12月3日** 国务院副总理温家宝考察中国气象局时指出，50 年来我国气象事业取得了令世人瞩目的成就，气象工作为各级领导指挥防灾减灾发挥了重要的参谋和助手作用，为促进国民经济建设和社会发展做出了积极贡献，要求气象部门创建一流技术、一流装备、一流工作、一流气象台站。

>>> **12月** 中国气象科学研究院陈联寿当选中国工程院院士。

2000 年

>>> **1月1日** 从芬兰引进的自动气象站网在青海省投入业务使用，标志着我国大气监测自动化特别是地面探测自动化开启新的征程。

>>> **5月** 第四次全国气象服务工作会议在上海召开，进一步提出"气象服务是立业之本"和"一年四季不放松，每个过程不放过"的服务理念，要求不失时机地开展决策气象服务、公众气象服务和有偿气象服务。

>>> **12月1日** 我国第一部新一代天气雷达（CINRAD/SA）在安徽合肥正式投入业务运行，标志着气象现代化建设迈向新台阶，在全国起到了示范作用。到2018年底，我国建成国家天气雷达站208个。

>>> **12月20日** 国务院副总理温家宝视察中国气象局时强调，气象事业是一项发展和前进的事业，气象工作重要而艰苦，光荣而艰巨。

>>> **12月** 秦大河任中国气象局局长（任职时间：2000年12月—2007年3月）。

>>> **本年** "数值气象预报的并行计算技术"获国家科学技术进步奖二等奖。"我国干旱半干旱区十五万年来环境演变的动态过程及发展趋势"获国家自然科学奖二等奖。

>>> **本年** 陕西省气象局杜继稳、宁夏回族自治区气象局杨强铭、国家气象中心杨克明获"全国先进工作者"称号。

2001年

>>> **2月2日** 中国气象局印发《关于全面推进依法行政的实施意见》，提出力争用 3 ～ 5 年时间，建立层次分明、结构合理、科学完善的气象法规框架，健全气象行政执法体系。到 2019 年底，建立起由《中华人民共和国气象法》为主体，3 部行政法规、19 部部门规章、101 部地方法规组成的气象法律法规制度体系。

>>> **2月21日** 国家发展计划委员会下达 2001 年第一批基本建设新开工大中型项目计划，"短期气候预测业务系统工程"项目在列。"十五"期间，国家对"短期气候预测业务系统工程"一期工程总投资 5.26 亿元，有效推进了我国短期气候预测业务系统建设。

>>> **5月15日** 经国务院批准，国家发展计划委员会印发《关于中国气象局大气监测自动化系统一期工程可行性研究报告的请示的通知》，大气监测自动化系统一期工程立项。9 月，国家发展计划委员会下达 2001 年第七批基本建设新开工大中型项目计划，大气监测自动化系统一期工程建设正式启动，标志着我国大气监测自动化特别是地面观测自动化进入全面推进的新阶段。

>>> **6月28日** 中国兴农网（http://www.xn121.com）正式上线运行。这是气象部门应用信息化手段积极开展"三农"服务的重要举措。

>>> **7月14日** 中央机构编制委员会印发《地方国家气象系统机构改革方案》，明确地方国家气象系统各级管理机构在上级气象主管机构和本级人民政府领导下，根据授权承担本行政区域内气象工作的政府行政管理职能，依法履行气象主管机构的各项职责。

>>> **11 月 27 日**　中国气象局颁布《气象资料共享管理办法》，率先实行科学数据共享。12 月 14 日，科学技术部和中国气象局联合召开新闻发布会，宣布气象科学数据共享试点工程正式启动。中国气象局成立了气象资料共享项目协调领导小组、项目执行组，着力推进气象资料共享保障体系、气象数据资源、共享平台等内容建设。

>>> **12 月 17—18 日**　气象部门科研院所改革工作会议在北京召开。中国气象局成为国家首批启动公益类科研院所改革的四个部门之一，气象部门科技体制改革正式启动。2002 年 9 月 23 日，中国气象局印发《关于省级气象科学研究所改革的若干意见》，确定中国气象科学研究院和中国气象局北京城市气象研究所等 8 个专业气象研究所为国家公益类研究机构。2004 年 10 月，气象部门成为全国第一个通过科学技术部、财政部、中央机构编制委员会办公室联合组织的国家公益性科研机构改革总体验收的部门。

>>> **本年**　"卫星通信气象综合应用业务系统（9210 工程）""农田温室气体排放过程和观测技术研究"获国家科学技术进步奖二等奖。

>>> **本年**　湖北省气象局刘国良获"全国优秀党务工作者"称号。

2002 年

>>> 3 月 19 日　国务院总理朱镕基签署国务院第 348 号令，颁布《人工影响天气管理条例》，自 2002 年 5 月 1 日起施行。《人工影响天气管理条例》是我国制定的第一部与《中华人民共和国气象法》相配套的气象行政法规。

>>> 4 月 5—6 日　国家气候委员会首届中国气候大会在北京召开，通过《中国国家气候计划纲要（2001—2010 年）》《中国气候系统观测计划》和《关于加强我国气候工作的建议》。全国人大常委会委员长李鹏向大会发来贺信，全国政协副主席胡启立出席大会并讲话。

>>> 6 月 1 日　中央机构编制委员会批复同意中国气象局成立国家空间天气监测预警中心，与国家卫星气象中心实行一个机构、两块牌子，承担空间天气日常业务服务工作。7 月 5 日，国家空间天气监测预警中心成立。2004 年 7 月 1 日，国家空间天气监测预警中心正式业务运行，标志着我国空间天气业务从科学研究转向社会公益服务。

>>> 6 月 3—7 日　中国气象局党组理论学习中心组学习暨夏季党组扩大会研究 21 世纪气象事业人才发展战略问题，决定把加强与高等院校的全面合作作为一项重要举措，局校合作全面启动。

>>> 10 月 18 日　国务院总理朱镕基、副总理温家宝一行视察中国气象局，到国家卫星气象中心和国家气象中心看望干部职工，主持召开了座谈会，听取气象工作汇报并作重要讲话。

>>> 本年　"防汛抗旱水文气象综合业务系统"获国家科学技术进步奖二等奖。

2003 年

>>> **3月31日—4月3日** 国家气候委员会在北京召开气候变化国际科学讨论会。国务院副总理回良玉出席开幕式并讲话，世界气象组织秘书长奥巴西、国务院有关部委领导和来自45个国家和地区及国际组织的代表，以及国内有关部门、大学、科研院所400余名代表参加会议。会议围绕"气候变化——科学与可持续发展"主题，交流了气候变化的科学问题及其涉及的相关政治、经济、环境等问题。

>>> **5月8日** 中央机构编制委员会办公室印发《关于成立中国气象局大气探测技术中心的批复》，同意中国气象局将北京物资管理处改建为中国气象局大气探测技术中心。2008年，更名为中国气象局气象探测中心。

>>> **6月** 中国气象局机关政务办公系统和公文无纸化加密传输系统建成并投入试运行，2006年在全国气象部门推广应用。办公自动化的推进，彻底改变了气象部门传统办公方式，实现了从公文起草到分发交换全过程无纸化。

>>> **7月1日** 全国天气预报电视会商系统开始承担天气会商、突发天气事件紧急会商和全国性视频会议转播任务。该系统采用卫星和地面双线路备份的设计思路，利用卫星通信、地面通信、计算机网络、多媒体视音频处理等先进技术，实现了视音频信号和计算机信号的高清晰传输。2005年8月，全国天气预报电视会商系统建设全面完成。2007年5月17日，全国天气预报电视会商系统接入国务院应急管理办公室。

>>> **11月** 中国气象局局长秦大河当选中国科学院院士。

>>> **本年** "我国短期气候预测系统的研究"获国家科学技术进步奖一等奖。

2004 年

>>> **2 月 20 日** 由中国气象局、中国科学院、教育部、农业部、水利部组织实施，中国气象局作为第一主持单位完成的"我国短期气候预测系统的研究"荣获国家科学技术进步奖一等奖。该研究成功建立了我国第一代气候监测、预测、影响评估和服务的业务系统，首次在国内将动力产品应用于业务，实现了动力与统计相结合，提高了短期气候预测的现代化水平，填补了我国在短期气候预测业务发展领域的空白。

>>> **2 月 27—28 日** 第二次全国人工影响天气工作会议在北京召开。会议总结了九年来全国人工影响天气工作的主要成绩和基本经验，要求树立和落实科学发展观，依靠科技进步，适应社会需求，加强现代化建设，全面提升人工影响天气工作的科技水平和服务效益，努力实现人工影响天气工作的持续快速健康协调发展，为全面建设小康社会提供优质服务。

>>> **4 月 24 日** 世界气象组织在人民大会堂授予中国科学院资深院士、中国气象学会名誉会长叶笃正第 48 届国际气象组织奖。国际气象组织奖是世界气象组织最高声望的奖项，有世界气象界诺贝尔奖之称，这是中国人第一次获此奖项。此后，秦大河院士、曾庆存院士分别于 2008 年 10 月 28 日、2016 年 6 月 22 日被授予第 53 届、第 61 届国际气象组织奖。

>>> **7 月 12 日** 中央机构编制委员会办公室印发《关于中国气象局机构编制调整的批复》，同意中国气象局总体规划研究设计室改建并更名为中国气象局气象信息中心。2005 年 3 月 17 日，批复同意中国气象局气象信息中心更名为国家气象信息中心。

1949—2019

>>> **8月17日** 中国气象科学数据共享服务网（后更名为中国气象数据网）正式上线，形成由国家和省两级组成的、覆盖全国、联通世界的公益性气象数据共享服务网络。

>>> **9月2—3日** 全国气象部门人才工作会议在北京召开，通过《中共中国气象局党组关于进一步加强人才工作的意见》《中国气象局"323"人才工程实施意见》。这是气象部门首次以人才队伍建设为主题召开的高层次会议。

>>> **11月29日** 国务院副总理回良玉在人民大会堂主持召开《中国气象事业发展战略研究》成果汇报会议。中国气象事业发展战略研究在国务院直接领导下，由中国气象局牵头于2003年4月启动，来自40多个学科的47名院士和350多名专家学者参与研究。研究提出了公共气象、安全气象、资源气象的发展理念，制定了强化观测基础、提高预测水平、趋利避害并举、科研业务创新的战略方针，明确了建设具有国际先进水平的气象现代化体系的战略目标和任务。

>>> **12月2日** 中国气象局印发《关于加强基层气象台站建设意见和指导标准的通知》。2009年1月，印发《关于进一步加强基层气象工作的若干意见》。气象部门积极开展基层气象台站基础设施建设，职工工作生活环境显著改善。

>>> **本年** "东亚季风气候－生态系统对全球变化的响应"获国家自然科学奖二等奖。

2005 年

>>> **1 月 18 日**　我国第一代短期动力气候模式预测业务系统正式运行，提供从全球范围到东亚区域范围逐候滚动的旬月尺度预测和逐月滚动的未来 1 ~ 3 个季节尺度预测，是这一时期我国短期气候预测技术进步的重要标志。

>>> **11 月**　国家气候中心丁一汇当选中国工程院院士。

>>> **12 月 23 日**　全国气象宽带网正式建成，为电视会商、数据传输和资料共享等气象业务应用的开展提供了充分的通信基础保障。

>>> **12 月 30 日**　"中国气象数值预报技术创新研究"项目通过科学技术部验收。该研究建立了我国首个具有能够直接同化卫星辐射观测能力的三维变分同化系统和首个在业务运行环境下可以实施的四维变分同化系统，解决了我国数值预报长期面临的资料不能有效利用的问题。

>>> **本年**　《全球变化热门话题丛书》获国家科学技术进步奖二等奖。"气候数值模式、模拟及气候可预报性研究"获国家自然科学奖二等奖。

>>> **本年**　内蒙古自治区气象局康玲、宁夏回族自治区气象局杨有林获"全国民族团结进步模范个人"称号。安徽省气象局郑媛媛、西藏自治区气象局假拉获"全国先进工作者"称号。

2006 年

>>> **1月9日** 全国科学技术大会在北京人民大会堂开幕。中共中央总书记胡锦涛为获得 2005 年度国家最高科学技术奖的气象科学家叶笃正颁奖。

>>> **1月12日** 国务院印发《国务院关于加快气象事业发展的若干意见》（国发〔2006〕3号），明确到 2020 年，加快建立和完善基本满足国家需求的结构合理、布局适当、功能齐备的综合气象观测系统、气象预报预测系统、公共气象服务系统和科技支撑保障系统，建成结构完善、功能先进的气象现代化体系。这是 21 世纪气象部门全面落实科学发展观、实现中国气象事业又好又快发展的纲领性文件。

>>> **1月20日** 中国气象局印发《关于业务技术体制改革总体方案的通知》，作出建设"六大体系""八条轨道""三站四网"的部署。

>>> **1月** 中央一号文件《中共中央 国务院关于推进社会主义新农村建设的若干意见》正式公布，指出"加强气象为农业服务，保障农业生产和农民生命财产安全"。此后，历年中央一号文件均对气象工作作出明确要求。

>>> **5月18日** 中国气象频道正式开播。2018 年 11 月 6 日，中国气象频道更名为中国天气频道。

>>> **5月18—19日** 由中国气象局、科学技术部、国防科学技术工业委员会、中国科学院、国家自然科学基金委员会联合主办的以"合作、创新、发展"为主题的全国气象科学技术大会在北京召开。

>>> **8月10日** 2006年第8号超强台风"桑美"在浙江省苍南县马站镇登陆，登陆的风速高达60米每秒，中心气压920百帕。自5日起，中国气象局针对超强台风"桑美"，第一次启动Ⅰ级应急响应命令，实行24小时主要负责人领班制度，全程跟踪台风动态，做好了台风"桑美"的监测、预警、预报服务工作。在台风"桑美"登陆前，福建、浙江各级政府紧急转移安置危险地区群众170余万人，海上回港避风船只7万余艘，最大程度减少了人员伤亡和财产损失。

>>> **12月15日** 中国气象局、科学技术部、国防科学技术工业委员会、中国科学院、国家自然科学基金委员会联合印发《气象科学和技术发展规划（2006—2020年）》。这是首部面向全国气象行业的科技发展规划，首次提出了国家气象科技创新体系建设等主要任务以及配套政策与保障措施。

>>> **12月26日** 科学技术部、中国气象局、中国科学院等联合发布《气候变化国家评估报告》，这是我国编制的第一部有关全球气候变化及其影响的国家评估报告。

>>> **本年** "我国梅雨锋暴雨遥感监测技术与数值预报模式系统""新疆生态安全遥感监测与信息系统的技术集成和应用"获国家科学技术进步奖二等奖。

2007年

>>> **1月12日** 国家气候变化专家委员会成立。其主要职责是围绕气候变化科学有关问题、我国应对气候变化的战略方针、法规和政策措施提供科学咨询建议。国家气候变化专家委员会在国家发展和改革委员会等相关部门指导和支持下开展工作，其办公室设在中国气象局。

>>> **2月18日** 农历正月初一，中共中央总书记胡锦涛到甘肃省气象局看望坚守在工作岗位的气象工作者，要求气象工作者"要依靠先进科学技术手段，提高气象预报预测能力，搞好各项气象服务，为经济社会发展和人民群众安全福祉做出更大的贡献"。

>>> **3月** 郑国光任中国气象局局长（任职时间：2007年3月—2016年12月）。

>>> **7月5日** 《国务院办公厅关于进一步加强气象灾害防御工作的意见》印发，对气象灾害防御工作提出全面要求。9月18日，全国气象防灾减灾大会在北京召开，主题是"防御和减轻气象灾害"。会议强调要加强部门联合、上下联动，调动全社会力量，建设国家气象灾害防御体系，着力提高气象灾害预警、信息发布和防御能力，为社会主义和谐社会建设提供强有力的气象保障。

>>> **10月15日** 中国共产党第十七次全国代表大会在北京人民大会堂隆重开幕。中共中央总书记胡锦涛代表第十六届中央委员会向大会作报告，提出"加强应对气候变化能力建设，为保护全球气候做出新贡献"。

>>> **10月26日** 中国气象局印发《艰苦气象站运行机制改革试点指导意见》，要求基本实现艰苦气象站观测自动化，实行工作人员派出制或轮换制，逐步解决艰苦气象站观测业务"双轨制"运行问题，积极改善艰苦气象站在岗工作人员的生活条件。

>>> **11 月 5 日**　中国气象局、科学技术部、教育部、国防科学技术工业委员会、中国科学院、国家自然科学基金委员会联合印发《国家气象科技创新体系建设意见》，确定了国家气象科技创新体系各创新主体的组成、结构功能和重点建设任务。到 2019 年底，形成由 9 个国家级气象科研院所，23 个省级气象科研所，20 个国家级、省级重点实验室，21 个野外科学试验基地，以及 25 所设立大气科学类专业的高等院校构成的气象科技创新格局。

>>> **12 月 13 日**　中国气象局印发《关于发展现代气象业务的意见》，提出构建相互衔接、互为支撑的公共气象服务、气象预报预测、综合气象观测三大业务体系。

>>> **本年**　"风云二号 C 业务静止气象卫星及地面应用系统"获国家科学技术进步奖一等奖。"我国新一代多尺度气象数值预报系统"获国家科学技术进步奖二等奖。"海陆气相互作用及其对副热带高压和我国气候的影响""中国西北季风边缘区晚第四纪气候与环境变化"获国家自然科学奖二等奖。

2008 年

>>> **1月10日—2月2日** 我国大部地区，尤其是南方地区连续 4 次出现低温雨雪冰冻天气过程，其影响范围之广、强度之大、持续时间之长均为历史罕见。2007 年 12 月 8 日，中国气象局向国务院报送我国防御暴风雪灾害的专题分析材料。灾害发生期间，气象部门上下联动，加密会商，滚动发布天气预报预警信息，主动及时开展决策气象服务，为抗灾救灾提供决策依据，努力将灾害损失减少到最低程度。

>>> **5月8日** 中国气象局公共气象服务中心成立，主要负责国家突发公共事件预警信息服务以及全国公共气象服务的业务技术指导等工作。

>>> **5月12日** 四川汶川发生 8.0 级特大地震灾害，气象部门及时组织抗震救灾各项气象服务工作，开展大型堰塞湖监测滚动天气预报和防御雷电灾害服务，为抗震救灾提供科学数据和气象保障。

>>> **5月26日** 国务院副总理回良玉在四川省气象局听取中国气象局关于气象部门抗震救灾气象服务工作的汇报。回良玉对气象部门抗震救灾气象服务工作给予了充分肯定，希望广大气象工作者要树立服务大局意识，继续努力为抗震救灾做好气象服务工作。

>>> **7月28日** 中国天气网（http://www.weather.com.cn）正式上线。

>>> **8月8—24日、9月6—17日** 第 29 届夏季奥运会、第 13 届夏季残奥会先后在北京成功举办。面对复杂多变的天气形势，围绕"有特色、高水平"奥运气象服务目标，气象部门举全国之力，为奥运火炬接力珠峰和境内外 134 个城市的传递、奥运会体育赛事、城市运行保障、公众出行观赛等提供了出色的气象服务；在奥运史上首次成功实施人工消（减）雨作业，保障了开、闭幕式的顺利进行。

>>> **9 月 25—28 日** 继为"神舟五号""神舟六号"载人航天飞船发射提供气象保障服务之后,气象部门再度为"神舟七号"载人航天飞船发射、航天员出舱和飞船返回提供了天气预报和空间天气服务,出色完成了气象保障任务。

>>> **9 月 26—27 日** 第五次全国气象服务工作会议在北京召开,深入贯彻落实国务院 3 号文件精神,深刻分析公共气象服务面临的新形势,要求紧紧围绕经济社会发展的需求,进一步解放思想,坚持改革创新,建立健全公共气象服务体制机制,全面推进公共气象服务体系建设,努力开创公共气象服务工作新局面。

>>> **11 月 14 日** 中国气象局、国家发展和改革委员会联合印发《人工影响天气发展规划(2008—2012 年)》,这是我国第一个人工影响天气发展规划。规划的实施,使我国人工影响天气事业进入全国统筹规划、协调发展的阶段。建立了国家、省、地、县四级协调的指挥体系和作业体系,建成了上下联动、区域联防、现代化水平较高的人工影响天气业务技术体系。

>>> **本年** "人工增雨技术研发及集成应用""气象防灾减灾电视系列片《远离灾害》"获国家科学技术进步奖二等奖。"中国第四纪冰川与环境变化研究""晚中新世以来东亚季风气候的历史与变率"获国家自然科学奖二等奖。

>>> **本年** 四川省气象局刘胜获"全国抗震救灾模范"称号。

2009 年

>>> **1月4日** 中国气象局印发《气象科技创新体系建设实施方案（2009—2012年）》，进一步明确了气象科技创新体系的构成。

>>> **1月23日** 中国气象局印发《关于加强气象人才体系建设的意见》，提出在继续实施和完善"323"人才工程的基础上，重点抓好学科带头人、业务科研骨干和高素质领导人才队伍建设，注重基层一线人才培养和使用，建立和完善有利于人才成长和发挥作用的体制机制，不断优化队伍结构，提高队伍整体素质。为"十二五"期间气象人才体系建设作出战略布局。

>>> **2月16日** 首届"邹竞蒙气象科技人才奖"颁奖仪式在北京举行，全国气象部门5人获奖。为纪念邹竞蒙同志为我国气象事业发展所做出的杰出贡献，中国气象学会2007年底向科学技术部申请设立"邹竞蒙气象科技人才奖"，2008年2月获得批准，奖励"在中国从事气象科研、业务、管理以及气象科技创新、教育培训、科普、宣传等工作中做出突出贡献的优秀气象科技工作者"。

>>> **2月** 水利部、财政部、国土资源部、中国气象局联合印发《关于开展全国山洪灾害防治试点工作的通知》，开始在全国选择山洪灾害防治具有代表性的103个县开展试点工作。

>>> **3月** 我国自主研发的全球预报系统(GRAPES-GFS V1.0)实现准业务运行。

>>> **4月** 中国气象局建立巡视制度，出台《中国气象局巡视工作暂行办法》，同年10月首次开展巡视。2015年10月，中国气象局党组巡视工作领导小组及其办公室成立，推进气象部门巡视工作制度化、规范化。

>>> **9月3日** 第三次世界气候大会高级别会议在瑞士日内瓦国际会议中心开幕，国务院副总理回良玉率中国代表团参加会议。中国政府表示，将同国际社会一起，推进多方面的气候服务，为人类社会可持续发展做出新的贡献。

>>> **9月28日—10月1日** 新中国成立 60 周年大庆期间，气象部门通过多部门联合天气会商，准确作出天气预报并开展人工影响天气作业，确保了阅兵、群众游行等活动顺利进行，受到了中央领导同志的充分肯定。

>>> **12月7日** 庆祝中国气象局成立 60 周年文艺演出在北京举行。国务院副总理回良玉出席观看，并参观了中国气象局成立 60 周年成就展。

>>> **12月8日** 中国气象局成立 60 周年庆祝大会在北京举行。中共中央总书记胡锦涛对新中国气象事业发展60年作出重要指示,国务院副总理回良玉发来贺信。

>>> **12月11日** 国务院总理温家宝到中国气象局考察，接见了参加中国气象局成立 60 周年活动的全国气象工作者代表，听取了中国气象局工作汇报。他强调气象工作要坚持公共气象的发展方向，把提高气象服务水平放在首位，大力推进气象科技创新，构建整体实力雄厚、具有世界先进水平的气象现代化体系，为经济社会发展、人民生活和国家安全提供一流的气象服务。

>>> **同日** 国务院办公厅印发《关于国家气象灾害应急预案的通知》，通知要求：发生跨省级行政区域大范围的气象灾害，并造成较大危害时，由国务院决定启动相应的国家应急指挥机制，统一领导和指挥气象灾害及其次生、衍生灾害的应急处置工作；发生高温、沙尘暴、雷电、大风、霜冻、大雾、霾等灾害时，由地方人民政府启动相应的应急指挥机制或建立应急指挥机制负责处置工作，国务院有关部门进行指导。

>>> **12月** 中国气象科学研究院徐祥德当选中国工程院院士。

>>> **本年** "奥运气象保障技术研究及应用"获国家科学技术进步奖二等奖。"大气颗粒物及其前体物排放与复合污染特征"获国家自然科学奖二等奖。

2010年

>>> **1月9日** 中国气象局、国家发展和改革委员会联合印发《国家气象灾害防御规划（2009—2020年）》，这是我国第一个由国家批准出台的气象防灾减灾专项规划，对提高我国气象灾害监测、预警、评估及信息发布能力，完善"政府领导、部门联动、社会参与"的气象灾害防御工作机制和"功能齐全、科学高效、覆盖城乡"的气象防灾减灾体系，减轻各种气象灾害对经济社会发展的影响具有重要意义。

>>> **1月27日** 国务院总理温家宝签署国务院第570号令，颁布《气象灾害防御条例》，自2010年4月1日起施行。《气象灾害防御条例》是我国制定的第二部与《中华人民共和国气象法》相配套的气象行政法规。

>>> **1月** 中央一号文件《中共中央 国务院关于加大统筹城乡发展力度进一步夯实农业农村发展基础的若干意见》正式公布，指出"健全农业气象服务体系和农村气象灾害防御体系，充分发挥气象服务'三农'的重要作用"。

>>> **3月12日** 《中国气象局关于印发"四项研究计划"的通知》下发，即《天气研究计划（2009—2014年）》《气候研究计划（2009—2014年）》《应用气象研究计划（2009—2014年）》和《综合气象观测研究计划（2009—2014年）》。"四项研究计划"是气象科学和技术发展规划的核心组成部分，重点解决制约气象业务服务发展的关键科技问题，培养建立优势科技创新团队。

>>> **3月15日** 全国春季农业生产工作会议在湖北襄樊召开。国务院副总理回良玉出席会议。会议首次将气象为农服务作为重要内容纳入会议议题；首次安排现场考察、观摩气象为农服务站点；首次将各省（区、市）气象局长列为会议代表。此次会议充分体现了国务院对气象为农服务工作的高度重视。

>>> **3月26日** 中国气象局出台《关于印发省级气象服务机构建设指导意见的通知》，提出实现服务业务现代化、服务队伍专业化、服务机构实体化、服务管理规范化的目标。

>>> **4月2日** 中国气象局印发《关于加强农业气象服务体系建设的指导意见》《关于加强农村气象灾害防御体系建设的指导意见》，推进各级政府将气象为农服务逐步纳入地方国民经济发展规划，建立气象为农服务长效机制。

>>> **5月4日** 经国际天文学联合会小天体命名委员会批准，科学技术部在北京举行小行星命名仪式，将第27895号小行星永久命名为"叶笃正星"。

>>> **7月10日** 针对我国部分地区再降大到暴雨，一些江河发生超警戒水位，局部地区遭受严重洪涝灾害，国务院副总理、国家防汛抗旱总指挥部总指挥回良玉在中央气象台主持召开国家防汛抗旱总指挥部紧急办公会议，深入分析当前天气形势和汛情灾情，进一步安排部署防汛抗洪救灾工作。

>>> **本年** "中国陆地碳收支评估的生态系统碳通量联网观测与模型模拟系统"获国家科学技术进步奖二等奖。

>>> **本年** 青海省气象局严兴起获"全国抗震救灾模范"称号。贵州省气象局段露雅、宁夏回族自治区气象局蔡敏、国家气象中心何立富获"全国先进工作者"称号。

2011年

>>> **1月3日** 国务院总理温家宝针对北京、天津、河北等地出现强降温降雪天气，在《中国气象局值班信息》上作出批示，要求各地和相关部门全力做好灾害防范和应急响应工作，确保城市运行、交通安全、农业生产、市场供应正常秩序。

>>> **3月17日** 世界气象组织秘书长米歇尔·雅罗发来贺信，赞扬中国气象卫星事业40年取得的成就以及为全球气象事业做出的贡献，期盼中国气象局保持高水平发展和成绩，造福中国乃至世界各国人民。

>>> **5月16日—6月3日** 世界气象组织第十六次世界气象大会在瑞士日内瓦召开。国务院副总理回良玉向大会致信，表示中国政府高度重视气象事业发展，作为最大发展中国家，中国将积极参与世界气象组织的各项计划和活动，并为这些计划的实施做出力所能及的贡献。

>>> **7月11日** 国务院办公厅印发《关于加强气象灾害监测预警及信息发布工作的意见》（国办发〔2011〕33号），提出以保障人民生命财产安全为根本，以提高预警信息发布时效性和覆盖面为重点，进一步完善气象灾害监测预报网络，加快推进信息发布系统建设，积极拓宽预警信息传播渠道，着力健全预警联动工作机制。

>>> **8月1日** 中国气象局、国家发展和改革委员会、财政部、国家能源局向国务院呈报《关于全国风能资源详查和评价工作情况的报告》。自2008年起，由中国气象局牵头组织实施的全国风能资源详查和评价工作，首次获得了全国150米高度下每间隔10米、水平1千米分辨率的风能资源详查成果，详细掌握了我国风能资源的立体分布特征及开发潜力，提出了我国未来风能资源开发的重点区域。

>>> **本年** 河南省气象局余卫东、国家气象中心吕厚荃获"全国粮食生产先进工作者"称号。河北省气象局姚树然、内蒙古自治区气象局乌兰巴特尔、吉林省气象局徐学军、湖北省气象局黄永平、四川省气象局蔡元刚、陕西省气象局贺文彬获"全国粮食生产突出贡献农业科技人员"称号。

>>> **本年** "大气环境综合立体监测技术研发、系统应用及设备产业化""陆地生态系统变化观测的关键技术及其系统应用""现代化人机交互气象信息处理和天气预报制作系统"、《防雷避险手册》及《防雷避险常识》挂图获国家科学技术进步奖二等奖。

2012 年

>>> **5月22—23日** 第三次全国人工影响天气工作会议在北京召开。国务院副总理回良玉出席会议作重要讲话,强调各地区、各有关部门要把人工影响天气工作纳入经济社会发展规划,纳入政府公共服务体系和目标管理体系;强化投入保障,抓好人工影响天气发展规划的落实,持续加大公共财政的投入。

>>> **8月22日** 《中国气象局党组关于推进县级气象机构综合改革的指导意见》印发,启动县级气象机构综合改革工作。2013 年 4 月 3 日,《中国气象局关于全面推进县级气象机构综合改革工作的通知》印发,全面推进县级气象机构综合改革工作。

>>> **8月26日** 国务院办公厅印发《关于进一步加强人工影响天气工作的意见》,明确到 2020 年,建立较为完善的人工影响天气工作体系,基础研究和应用技术研发取得重要成果,基础保障能力显著提升,协调指挥和安全监管水平得到增强,服务经济社会发展的效益明显提高。

>>> **8月29日** 国务院总理温家宝签署国务院第 623 号令,颁布《气象设施和气象探测环境保护条例》,自 2012 年 12 月 1 日施行。《气象设施和气象探测环境保护条例》是我国制定的第三部与《中华人民共和国气象法》相配套的气象行政法规。

>>> **8月31日** 中国气象局气象宣传与科普中心正式成立。

>>> **11月8日** 中国共产党第十八次全国代表大会在北京人民大会堂隆重开幕。中共中央总书记胡锦涛代表第十七届中央委员会向大会作报告,提出"加强防灾减灾体系建设,提高气象、地质、地震灾害防御能力"。

>>> **12月26日** 《中国气象局关于强化科技创新驱动现代气象业务发展的意见》印发，提出气象科技工作要以增强气象业务服务能力为目标，以解决气象服务业务中的重大科技问题为重点，着力提高关键核心领域，特别是数值模式、资料同化等科技水平，完善科技创新驱动现代气象业务发展的新机制。

>>> **本年** "中国遥感卫星辐射校正场技术系统""Argo 大洋观测与资料同化及其对我国短期气候预测的改进""主要农作物遥感监测关键技术研究及业务化应用"获国家科学技术进步奖二等奖。"黄土和粉尘等气溶胶的理化特征形成过程与气候环境变化""中国大气污染物气溶胶的形成机制及其对城市空气质量的影响""过去 2000 年中国气候变化研究"获国家自然科学奖二等奖。

2013 年

>>>　3月30日　国务院副总理汪洋到中国气象局调研，看望气象干部职工。他指出，气象工作成绩很大，气象服务能力很强，气象科技水平很高，要继续打好"气象"这张牌，更好地服务经济社会发展和人民生产生活。7月26日，汪洋视察吉林省气象局，了解汛情和天气形势，看望慰问一线气象工作人员，对气象防灾减灾、气象为农服务等工作提出明确要求。

>>>　6月5日　《中国气象局关于全面推进气象现代化工作的通知》印发，提出建立适应需求、结构完善、功能先进、保障有力的气象现代化体系，建立与气象现代化体系相适应的新型事业结构，全面提升气象保障全面建成小康社会的能力。

>>>　6月20日　中国气象局党组召开专题会议，传达党的群众路线教育实践活动工作会议精神，要求气象部门各级党组织深入学习贯彻习近平总书记重要讲话精神，按照"照镜子、正衣冠、洗洗澡、治治病"的总要求，真正实现自我净化、自我完善、自我革新、自我提高，抓住党的建设以及气象事业改革发展关键问题，取得实实在在的成效。

>>>　8月30日　全国人大常委会气象法执法检查组第一次全体会议在北京举行，正式启动气象法执法检查工作。

>>>　9月10日　中国气象局、国家标准化管理委员会联合印发《气象标准化管理规定》，共同推进气象标准化建设。到2019年底，形成了由147项国家标准、423项行业标准、351项地方标准组成的气象标准体系。

>>>　11月18日　联合国第十九次气候变化大会在华沙召开，中国政府正式发布《国家适应气候变化战略》，这是我国第一部专门针对适应气候变化方面的战略规划，对提高国家适应气候变化综合能力意义重大。《国家适应气候变化战略》由国家发展和改革委员会、财政部、中国气象局等9部委联合编制完成。

>>> **12 月 11 日** 国务院副总理汪洋在《河南省人民政府关于加快推进气象现代化的意见》上批示："河南省重视气象这种基础性的公益事业，是正确的政绩观的表现，也必将既利当前又利长远。中国气象局要注意予以帮助和支持。"

>>> **本年** "电网大范围冰冻灾害预防与治理关键技术及成套装备"获国家科学技术进步奖一等奖。"中国西北干旱气象灾害监测预警及减灾技术"获国家科学技术进步奖二等奖。"沙尘对我国西北干旱气候影响机理的研究"获国家自然科学奖二等奖。

2014 年

>>> **5 月 20 日** 《中共中国气象局党组关于全面深化气象改革的意见》印发，启动气象服务业务改革试点，推进县级气象机构综合改革、气象行政审批改革、气象事权和支出责任划分研究。

>>> **5 月 28 日** "第三次青藏高原科学试验——边界层与对流层观测"项目在北京启动，拉开了第三次青藏高原大气科学试验的序幕。试验分两个阶段进行，第一阶段为 2014—2017 年，主要进行陆面高原边界—对流层综合观测、资料融合、区域数值模式、高原影响及预报方法研究；第二阶段为 2018—2021 年，主要进行高原地—气物理过程、模式物理过程发展，高原对我国天气气候影响机理及在预报中的综合应用研究。

>>> **10 月 30 日** 中国气象局印发《国家气象科技创新工程（2014—2020 年）实施方案》，围绕国家级气象业务现代化重大核心技术突破，明确高分辨率资料同化与数值天气模式、气象资料质量控制及多源数据融合与再分析、次季节至季节气候预测和气候系统模式等攻关任务。

>>> **11 月 24 日** 国务院印发《关于取消和调整一批行政审批项目等事项的决定》（国发〔2014〕50 号），取消防雷产品使用备案核准和外地防雷工程专业资质备案核准两项行政审批项目。

>>> **12 月 17 日** 国家发展和改革委员会、中国气象局印发《全国人工影响天气发展规划（2014—2020 年）》，提出了人工影响天气的组织管理体制和业务运行机制，是此后一段时期内全国人工影响天气发展的行动纲领。

>>> **本年** "农业旱涝灾害遥感监测技术"获国家科学技术进步奖二等奖。"二十万年来轨道至年际尺度东亚季风气候变率与驱动机制""青藏高原冰芯高分辨率气候环境记录研究""气候预测的若干新理论与新方法研究"获国家自然科学奖二等奖。

>>> **本年** 内蒙古自治区气象局巴音那木拉获"全国民族团结进步模范个人"称号。

2015 年

>>> **2月3日** 教育部与中国气象局联合印发《关于加强气象人才培养工作的指导意见》（教高〔2015〕2号），要求各地教育行政部门和气象主管部门高度重视气象人才培养工作，结合当地实际，指导有关高校与企业加强合作，创新人才培养机制，提升气象人才培养水平，为气象事业发展提供人才和智力支撑。

>>> **4月2日** 中国气象局印发《气象行政审批制度改革实施方案》，对气象行政审批事项改革工作进行全面部署。

>>> **5月8日** 中国气象局党组召开专题会议，传达学习中央"三严三实"专题教育工作座谈会精神，部署气象部门"三严三实"专题教育实施工作。要求深刻领会开展"三严三实"专题教育的重大意义，准确把握其总体要求和方法措施，扎实做好"关键动作"，从严组织实施。"三严三实"专题教育的开展，有力推动了气象部门领导干部严和实的作风建设，更好地促进了事业的发展。

>>> **5月13日** 中国气象服务协会正式成立，这是第一个全国性、行业性、非营利性的气象服务社会组织。

>>> **5月18日** 经中央机构编制委员会办公室批准，国家预警信息发布中心在中国气象局挂牌成立。该中心是国家应急管理体系的重要组成部分，承担国家突发事件预警信息发布系统建设及运行维护管理，为相关部门发布预警信息提供渠道。该中心的成立标志着我国突发事件预警信息发布工作进入常态化运行阶段。

>>> **5月25日—6月12日** 世界气象组织第十七次世界气象大会在瑞士日内瓦召开。国务院副总理汪洋向大会致贺电，表示中国政府将继续把气象事业置于优先地位，贯彻"公共气象、安全气象、资源气象"的发展理念，坚持需求导向，坚持深化改革，依靠创新驱动，不断提高气象防灾减灾能力、应对气候变化能力和生态文明建设能力，为推动经济发展、社会进步、保障民生和国家安全提供优质的气象服务。

>>> **8月18日** 国务院副总理汪洋到西藏那曲地区看望慰问基层气象干部职工，向所有坚守在边远地区、高山、海岛等艰苦地区默默奉献的广大基层气象干部职工表示敬意。

>>> **8月19日** 中国气象局印发《全国气象现代化发展纲要（2015—2030年）》，提出到2020年，全国基本实现气象现代化，基本实现观测智能、预报精准、服务高效、科技先进、管理科学的智慧气象；到2030年，全面建成具有世界先进水平的现代气象业务体系，具备全球监测、全球预报、全球服务的业务能力。

>>> **8月31日** 中共中央政治局常委、国务院副总理张高丽率有关方面负责同志赴中国气象局，检查指导中国人民抗日战争暨世界反法西斯战争胜利70周年纪念活动期间气象服务保障准备工作。

>>> **9月3日** 纪念中国人民抗日战争暨世界反法西斯战争胜利70周年重大活动在天安门广场举行。气象部门擎起合力，面向服务新需求，组织联合攻关，研发0～12小时短时临近预报、环境气象预报等系统，提高气象服务的针对性和精细化水平，密切关注天气条件的细微变化。当日，天气无雨、微风、白云飘过，实况和预报结论完全吻合，为纪念活动成功举办提供气象服务保障，向党中央、国务院和全国人民交上一份满意答卷。

>>> **9月13日** 中国气象局印发《关于规范全国数值天气预报业务布局的意见》，按照信息化、集约化和标准化的要求，坚持集约发展和统筹管理的原则，进一步明确全国数值天气预报业务布局与分工，统筹国家和区域资源力量，形成集约规范、优势互补、开放合作的数值天气预报业务发展新格局。

1949—2019

>>> **11月3日** 中央第九巡视组在中国气象局召开动员会，进驻中国气象局开展专项巡视工作。

>>> **11月30日** 联合国第二十一次气候变化大会在法国巴黎开幕，国家主席习近平出席并发表重要讲话，强调推动建立公平有效的全球应对气候变化机制，实现更高水平全球可持续发展，构建合作共赢的国际关系。2016年4月22日，中国在联合国总部签署《巴黎协定》，向国际社会发出中国愿与各国共同抵御全球变暖积极而有力的信号。

>>> **12月31日** 我国自主研发的全球预报系统（GRAPES-GFSV 2.0）通过业务化评审。2016年6月1日，该系统正式业务运行并面向全国下发产品。

>>> **12月** 中国气象科学研究院张人禾当选中国科学院院士。

>>> **本年** 河北省气象局张迎新、内蒙古自治区气象局高涛、福建省气象局陈家金、湖北省气象局陈正洪、西藏自治区气象局扎西央宗、宁夏回族自治区气象局贾永辉、国家气象中心许映龙获"全国先进工作者"称号。

>>> **本年** "大气细颗粒物在线监测关键技术及产业化"获国家科学技术进步奖二等奖。"微型生物在海洋碳储库及气候变化中的作用"获国家自然科学奖二等奖。

2016 年

>>> **3月16日** 中国气象局党组对"两学一做"学习教育工作进行动员部署，要求深入学习贯彻习近平总书记系列重要讲话精神，推动全面从严治党向基层延伸，巩固拓展党的群众路线教育实践活动和"三严三实"专题教育成果，进一步解决党员队伍在思想、组织、作风、纪律等方面存在的问题，保持发展党的先进性和纯洁性。全国气象部门在从严从实从细推进"两学一做"学习教育常态化制度化方面取得实效。

>>> **4月25日** 《中共中国气象局党组关于坚持和改进党组民主集中制的意见》印发。

>>> **6月24日** 《国务院关于优化建设工程防雷许可的决定》（国发〔2016〕39号）印发，根据简政放权、放管结合、优化服务协同推进的改革要求，减少建设工程防雷重复许可、重复监管，切实减轻企业负担，进一步明确和落实政府相关部门责任，加强事中事后监管，保障建设工程防雷安全。2017年3月27日，中国气象局在征求11个部委意见后，印发《关于进一步贯彻落实〈国务院关于优化建设工程防雷许可的决定〉的实施意见》。

>>> **9月13日** 《中国气象局气象现代化领导小组关于推进气象现代化"四大体系"建设的意见》印发，对建设以信息化为基础的无缝隙、精准化、智慧型的现代气象监测预报预警体系，建设政府主导、部门主体、社会参与的现代公共气象服务体系，建设聚焦核心技术、开放高效的气象科技创新和人才体系，建设以科学标准为基础、高度法治化的现代气象管理体系提出指导性意见。

>>> **10月31日—11月1日** 第六次全国气象服务工作会议在北京召开，会议深入学习贯彻党的十八大和十八届三中、四中全会精神，研究和部署气象服务改革发展工作，加快构建中国特色现代气象服务体系。

95

>>> **11月20日**　《中共中国气象局党组贯彻落实中央关于改进工作作风、密切联系群众八项规定的实施意见》印发。

>>> **12月11日**　我国新一代静止气象卫星"风云四号"A星发射成功。继2008年5月7日"风云三号"A星成功发射之后，我国实现了极轨、静止气象卫星升级换代，形成了极轨气象卫星上、下午星组网观测，静止气象卫星"多星在轨、统筹运行、互为备份、适时加密"的业务格局。我国气象卫星技术综合性能达到世界先进水平，大幅度提高了我国天气预报、气象防灾减灾、应对气候变化、气候资源开发、生态环境监测和空间天气监测预警能力，在服务我国"一带一路"建设等国家重大决策部署方面发挥了重要作用。

>>> **12月20日**　全国综合气象信息共享系统投入业务运行，实现了国省数据同步和实时历史数据一体化管理，标志着国省统一数据环境正式建立，标准、统一支撑气象核心业务系统的数据生态初步形成。

>>> **12月22日**　我国成功发射全球二氧化碳监测科学实验卫星（简称"碳卫星"），初步具备针对重点地区乃至全球的大气二氧化碳浓度监测能力，对提升我国在国际气候变化方面的话语权具有重要意义。

>>> **12月**　刘雅鸣任中国气象局局长（任职时间：2016年12月—　）。

>>> **本年**　"亚洲季风变迁与全球气候的联系"获国家自然科学奖二等奖。

2017 年

>>> **2月8日** 2017 年全国气象部门党建纪检工作视频会议召开。会议对气象部门落实全面从严治党作出部署。中央纪委驻农业部纪检组和中央国家机关纪工委领导出席会议并讲话。

>>> **3月24日** 中国气象局召开气象服务保障国家重大战略专项设计工作启动会，明确将聚焦生态文明建设、军民融合与国家安全、国家综合防灾减灾救灾、"一带一路"建设等 4 项国家重大决策部署，开展专项顶层设计。

>>> **3月27日** 中国气象局印发《关于加强气象防灾减灾救灾工作的意见》，贯彻落实《中共中央 国务院关于推进防灾减灾救灾体制机制改革的意见》要求，指导各级气象部门做好新时代气象防灾减灾救灾工作，更好地发挥气象在国家综合防灾减灾救灾中的作用。

>>> **5月2日** 中国气象局党组印发《关于增强气象人才科技创新活力的若干意见》，落实国家科技创新激励政策，激发气象科技创新活力。

>>> **5月14日** "一带一路"国际合作高峰论坛在北京开幕。中国气象局局长刘雅鸣、世界气象组织秘书长佩蒂瑞·塔拉斯应邀出席高峰论坛，双方签署了《中国气象局与世界气象组织关于推进区域气象合作和共建"一带一路"的意向书》。

>>> **5月17日** 世界气象组织执行理事会公布首批 60 个世界气象组织百年气象站名单，呼和浩特、长春、营口气象站和香港天文台成功入选。2012 年 11 月，徐家汇国家气象观测站被世界气象组织认证为百年气象站，推动了世界气象组织"百年气象站"认证机制的建立。2019 年 6 月 12 日，武汉、大连、沈阳气象站被世界气象组织授予"百年气象站"证书。

1949—2019

>>> **9月26日** 《中国气象发展指数报告（2017）》首次公开发布，报告由新华社和中国气象局联合编制，全面客观地评估了中国气象事业的发展质量和效益，展示了气象科技发展的"中国贡献"。

>>> **10月18日** 中国共产党第十九次全国代表大会在北京人民大会堂隆重开幕。中共中央总书记习近平代表第十八届中央委员会向大会作报告，提出："引导应对气候变化国际合作，成为全球生态文明建设的重要参与者、贡献者、引领者。""要坚持环境友好，合作应对气候变化，保护好人类赖以生存的地球家园。"

>>> **10月26日** 中国气象局传达学习党的十九大精神。11月14日，中共中国气象局党组印发《关于认真学习宣传贯彻党的十九大精神的实施意见》，以党的十九大精神统领气象工作，对气象现代化建设和气象事业改革与发展各方面作出全面部署。

>>> **12月8日** 中共中国气象局党校在北京正式成立。

>>> **12月12日** 中国气象局印发《关于加强生态文明建设气象保障服务工作的意见》，认真落实党中央、国务院关于推进生态文明建设的重大决策部署，指导各级气象部门统一思想，大力提升生态文明建设气象保障服务能力和水平，更好地履行气象部门职责。

>>> **12月26日** 中国气象局党组党建和党风廉政建设工作领导小组正式成立并召开第一次会议，审议通过《中国气象局党组党建和党风廉政建设工作领导小组工作规则》等文件。

>>> **同日**　中国气象局印发《气象信息化发展规划（2018—2022 年）》，提出 2018—2022 年全国气象信息化发展的指导思想、目标、任务、建设工程。这是我国气象信息化发展的纲领性文件。

>>> **12 月**　中国气象局印发《气象"一带一路"发展规划（2017—2025 年）》，贯彻落实《推动共建丝绸之路经济带和 21 世纪海上丝绸之路的愿景与行动》，加强与"一带一路"沿线国家在气象领域的交流与合作，充分发挥气象在推进"一带一路"建设中的重要支撑保障作用。

>>> **本年**　"嵌套网格空气质量预报模式（NAQPMS）自主研发与应用"获国家科学技术进步奖二等奖。

1949—2019

2018 年

>>> **1 月 16 日** 2018 年全国气象局长会议在北京召开。会议全面贯彻党的十九大精神，以习近平新时代中国特色社会主义思想为指导，谋划气象发展新战略，开启全面建设现代化气象强国新征程。会议提出：到 2020 年，气象现代化达到全面建成小康社会的总体要求；到 2035 年，气象综合实力进入世界先进行列；到 21 世纪中叶，推动我国成为气象综合实力和国际影响力全面领先的国家。

>>> **同日** 世界气象中心（北京）正式挂牌运行。全球共有 9 个世界气象中心：美国华盛顿、俄罗斯莫斯科、澳大利亚墨尔本、欧洲中期天气预报中心、英国埃克塞特、加拿大蒙特利尔、日本东京、中国北京和德国奥芬巴赫。中国是发展中国家中唯一一个世界气象中心。6 月，世界气象组织执行理事会第 70 次届会批准认定中国气象局国家气象中心为"海洋气象服务区域专业气象中心"。

>>> **3 月 22 日** 国务院印发《关于机构设置的通知》（国发〔2018〕6 号），中国气象局为国务院直属事业单位。

>>> **4 月 10 日** 国务院副总理胡春华到中国气象局视察。

>>> **4 月 24 日** 中国风云卫星国际用户防灾减灾应急保障机制发布，为"一带一路"沿线国家防灾减灾救灾提供信息保障。6 月 5 日，"风云二号"H 星在四川西昌卫星发射中心发射成功，可 24 小时不间断为"一带一路"沿线国家开展专属服务，提供天气预报、防灾减灾救灾所需数据支撑。

>>> **5 月 10 日** 中国气象局印发《智能网格预报行动计划（2018—2020 年）》，提出以无缝隙、全覆盖、精准化、智慧型为发展方向，建成"预报预测精准、科技支撑有力、核心技术自控、系统平台智能、人才队伍优化、管理科学高效"的从零时刻到月、季、年的智能网格预报业务体系，初步具有"全球监测、全球预报、全球服务"能力。6 月 12 日，《省级智能网格预报单轨业务运行评估办法》印发，推进格点站点预报一体化。

>>> **6月10日** 国家主席习近平主持上海合作组织青岛峰会大范围会谈并发表重要讲话，承诺中方愿利用"风云二号"气象卫星为各方提供气象服务。7月10日，习近平主席在中国—阿拉伯国家合作论坛第八届部长级会议开幕式上提出："要共建'一带一路'空间信息走廊，发展航天合作，推动中国北斗导航系统和气象遥感卫星技术服务阿拉伯国家建设。"9月4日，气象卫星合作被列入《中非合作论坛——北京行动计划（2019—2021年）》。

>>> **6月22日** 中国气象局和世界气象组织"一带一路"气象合作会议在瑞士日内瓦世界气象组织总部召开，旨在落实习近平主席在上海合作组织青岛峰会上作出的"中方愿利用'风云二号'气象卫星为各方提供气象服务"承诺，促进国际和区域气象合作、加强地区气象交流。

>>> **8月11日** 中国气象局印发《全面推进气象现代化行动计划（2018—2020年）》，提出提升信息化水平、推动核心技术攻坚、推动智慧气象业务发展、提升国家战略举措气象保障能力、提升科学管理水平、加强基层建设6大类28项重点任务。

>>> **9月6日** 中央纪委国家监委驻农业农村部纪检监察组与中国气象局党组首次召开专题会议，共同研究推进气象部门全面从严治党工作。之后，中国气象局党组每半年会同中央纪委国家监委驻农业农村部纪检监察组专题研究一次全面从严治党工作。

>>> **9月14日** 人工影响天气工作座谈会在中国气象局召开，庆祝我国人工影响天气事业发展60周年。国务院副总理胡春华出席会议并讲话。我国现代人工影响天气事业经过60年发展，建成了"纵向到底、横向到边"的人工影响天气现代业务体系。2012年以来，年均人工增雨（雪）作业区覆盖面积500余万平方千米，累计增加降水约2860亿立方米。

>>> **9月16日** 2018年第22号台风"山竹"以强台风级别在我国广东省江门市台山沿海登陆，登陆时中心附近最大风力14级，最低气压为955百帕，是2018年登陆我国的最强台风。中央气象台与香港、澳门气象部门首次开展联合会商。中国气象局启动风云卫星国际用户防灾减灾应急保障机制，帮助越南和菲律宾开展加密观测，并与越南气象部门进行视频会商。由于预报准确、处置得当，防灾成效显著。

>>> **9月19日** 全国气象现代化推进会在北京召开，进一步明确新时代全面推进气象现代化的总体目标和要求，研讨细化各领域气象现代化工作思路和落实举措，形成全国上下思想统一、思路清晰、贯彻到位、落实得力的气象现代化工作新局面，推动气象现代化高质量发展。

>>> **10月18日** 中国气象局在北京召开警示教育大会，剖析党的十八大以来气象部门违纪典型案例，教育引导广大干部以案为鉴，进一步贯彻全面从严治党要求。

>>> **同日** 中国气象事业发展咨询委员会正式成立。作为气象高端智库，中国气象事业发展咨询委员会对气象事业改革发展和科技创新、气象参与和服务国家重大战略等方面开展高水平战略谋划与决策咨询。

>>> **11月2日** 《全国地面气象观测自动化改革方案》印发，将地面气象观测项目优化调整为39项，取消台站日常守班、人工定时观测等7项任务；通过配备自动观测设备以及应用卫星遥感等技术，逐步实现人工观测项目自动化；同时建立健全与地面气象观测自动化相适应的标准规范规章。改革分试点运行、全国试运行和业务运行3个阶段稳步推进。2018年11月—2019年6月，黑龙江、安徽、山东、湖南、广西、青海、新疆等7个省（区）气象局开展地面气象观测自动化试点工作。2019年6月15日，地面气象观测自动化改革在全国试运行。

>>> **11 月 19—20 日** 2018 年全国气象局长工作研讨会议在北京召开。结合中国气象局党组开展的涉及重点领域改革、气象业务科技、专业气象服务、财政支持保障、全面从严治党等五大调研工作成果，分析新时代气象事业发展面临的新形势、新任务、新挑战，谋划推动气象高质量发展的重点方向和任务。

>>> **11 月 20—21 日** 全国气象部门组织人事工作会议深入学习习近平总书记关于党的建设和组织工作重要论述，贯彻落实全国组织工作会议精神，部署当前和今后一个时期气象部门组织人事工作，用新时代党的组织路线指导实践，为全面建设现代化气象强国提供坚强组织保证。

>>> **12 月** 全国气象部门实现了巡视巡察两个"全覆盖"，即中国气象局党组完成对所属 44 个司局级单位党组（党委）的巡视全覆盖，各省（区、市）气象局党组完成对所辖市、县级气象局党组的巡察全覆盖。

>>> **同月** 全国气象观测站网持续优化，形成规模。截至 2018 年底，全国拥有大气本底站 7 个，国家基准气候站 212 个，国家基本气象站 633 个，国家气象观测站 9869 个，中尺度加密自动观测站 53711 个，国家应用气象观测站（包括生态、农业、交通）1129 个，国家高空气象观测站 120 个，国家空间天气观测站 56 个。

>>> **本年** "台风监测预报系统关键技术"获国家科学技术进步奖二等奖。"电网大范围山火灾害带电防治关键技术"获国家技术发明奖二等奖。

1949—2019

2019 年

>>>　1月15—16日　2019年全国气象局长会议在北京召开，重点部署推进业务技术体制改革、建立研究型业务、大力发展专业气象服务、协同推动气象现代化建设提升全球业务能力、创新机制推进核心技术攻关、以党的政治建设为统领加强模范机关建设六项重大改革发展事项。

>>>　1月31日　中国气象局党组印发《关于贯彻落实〈关于深化中央纪委国家监委派驻机构改革的意见〉的实施方案》，贯彻落实《关于深化中央纪委国家监委派驻机构改革的意见》《关于建立中央纪委国家监委驻农业农村部纪检监察组与农业农村部、中国气象局、国务院扶贫办等单位工作联系协调机制的若干意见》，制定3方面24项举措，主动接受监督，全力保障派驻机构改革任务在气象部门落地见效。

>>>　1月　国产"曙光"高性能计算机系统建成并投入业务运行。国产"曙光"高性能计算机系统峰值运算速度达8千万亿次每秒，完成了GRAPES全球模式和"睿图"模式等移植。

>>>　4月29日—10月7日　2019年中国·北京世界园艺博览会举行。世界气象组织和中国气象局主办、北京市气象局承办，打造了由一馆（生态气象馆）、一园（世界气象组织园）、一站（生态气象观测示范站）、一台（世园气象台）四部分组成的生态气象展区，其中，世界气象组织园荣获北京世界园艺博览会国际展园金奖。

>>> **6月3日—6月14日** 世界气象组织第十八次世界气象大会在日内瓦召开，大会实现对世界气象组织治理结构的全面改革。中国提出包括从"全球监测、全球预报、全球服务"的发展理念和人道主义援助以及全球气象灾害防御的需求出发，加大多灾种早期预警系统和服务人道主义项目等系列方案，发出了响亮的中国声音，为促成大会达成历史性成果做出重要贡献。

>>> **6月4日** 全国气象部门"不忘初心、牢记使命"主题教育工作会议召开。以习近平新时代中国特色社会主义思想为指导，认真学习贯彻习近平总书记重要讲话精神，全面把握贯彻党中央部署的"守初心、担使命，找差距、抓落实"总要求，锤炼忠诚干净担当的政治品格，做到理论学习有收获、思想政治受洗礼、干事创业敢担当、为民服务解难题、清正廉洁作表率，扎实推进全国气象部门主题教育取得成效。

>>> **8月20日** 中共中央政治局委员、国务院扶贫开发领导小组组长胡春华在青海省调研脱贫攻坚工作期间，前往基层气象站考察工作，看望慰问基层干部职工。

>>> **8月** 湖南、江西、湖北、福建、安徽等地气温较常年同期偏高 1 ～ 4 ℃，降水量较常年同期偏少 5 成以上。高温少雨导致江西北部、湖南南部、安徽南部等地出现中度农业干旱。中国气象局密切监测天气形势，强化预报预警服务，为农业农村部等部门及时制作报送干旱气象服务专报；国家气象中心联合多地农业气象中心制作实况及预报产品。9 月 1 日起，湖北、湖南、江西、安徽、福建 5 省开展人工增雨作业千余次，飞机和地面人工增雨作业影响面积近 20 万平方千米。

>>> **9月19日** 国务院副总理胡春华到中国气象局考察新中国成立70周年庆祝活动气象保障服务准备工作。

>>> **9月28日** 全国气象部门共710人获国家颁发"庆祝中华人民共和国成立70周年"纪念章。

>>> **10月1日** 新中国成立70周年庆祝活动在天安门广场举行。为做好庆典气象保障,气象部门9月份进入特别工作状态,全力以赴,圆满完成了新中国成立70周年庆祝活动气象保障任务,受到党中央表彰。

>>> **10月30日** 西藏共建成750个自动气象站并投入使用,实现了全区贫困乡镇自动气象站全覆盖,西藏地面气象观测网建设取得了历史性进步。

>>> **10月** 基本完成气象观测质量管理体系建设。建立制度化业务观测流程1109个,制定预防和事前控制措施1026项,覆盖综合观测全流程的标准化体系基本建立,标准化率达93%。

>>> **11月3日** 全国气象科技创新工作会议在北京召开。会议强调突出科技型事业定位,提升气象科技实力和创新能力,力争到2035年气象科技实力达到同期世界先进水平。此前,中国气象局党组印发《关于进一步激励气象科技人才创新发展的若干措施》,提出落实中央关于激励科技人才创新活力的一系列政策文件精神,充分激发气象科技人才的积极性创造性,加快实施人才强局战略。到2019年底,气象部门共获气象科技成果奖9000多项。

>>> **11月4—6日**　2019年全国气象局长工作研讨会在北京召开，会议深入学习贯彻党的十九届四中全会精神，研究部署业务技术体制重点改革、气象发展"十四五"规划编制等工作，坚定不移以政治建设为统领全面加强党的建设，推动气象事业高质量发展。

>>> **11月**　中国气象科学研究院张小曳当选中国工程院院士。

>>> **12月9日**　中国气象局召开纪念新中国气象事业70周年座谈会，国务院副总理胡春华出席会议并作重要讲话。

>>> **12月**　中国气象科技展馆正式落成并对外开放。展馆在回顾历史的基础上，全面介绍了新中国气象事业70年来取得的辉煌成就。

>>> **本年**　海南省气象局孙立获第九届全国"人民满意的公务员"称号。西藏自治区气象局梁科获"全国民族团结进步模范"称号。广东省气象局杨万基获"最美奋斗者"称号。